麋鹿组织学

Histology of Milu

钟震宇　郭青云　白加德 等　著

科学出版社

北　京

内 容 简 介

本书从基本组织学展开，以器官组织学为主要内容，首次全面系统展示麋鹿的器官组织学特点，分为18章，内容包括上皮组织、结缔组织、软骨与骨、血液、肌组织、神经组织、中枢神经系统、免疫系统、内分泌系统、循环系统、消化系统、呼吸系统、泌尿系统、雄性生殖系统、雌性生殖系统、眼和耳、被皮系统、麋鹿茸等。全书共配有200余幅彩色照片。

本书可供生物学、野生动物保护、动物医学等学科领域的研究人员、高等院校师生、兽医以及麋鹿保护科技人员参考和应用。

图书在版编目（CIP）数据

麋鹿组织学/钟震宇等著. —北京：科学出版社，2024.6
ISBN 978-7-03-077586-3

Ⅰ.①麋… Ⅱ.①钟… Ⅲ.①麋鹿-动物组织学 Ⅳ.①Q959.842

中国国家版本馆CIP数据核字（2024）第017006号

责任编辑：岳漫宇 尚 册 / 责任校对：郑金红
责任印制：肖 兴 / 封面设计：无极书装

科 学 出 版 社 出版

北京东黄城根北街16号
邮政编码：100717
http://www.sciencep.com

北京九州迅驰传媒文化有限公司印刷

科学出版社发行 各地新华书店经销

*

2024年6月第 一 版 开本：720×1000 1/16
2024年6月第一次印刷 印张：12
字数：242 000

定价：228.00元

（如有印装质量问题，我社负责调换）

《麋鹿组织学》著者名单

钟震宇　郭青云　白加德
单云芳　程志斌　张庆勋
刘　田

　　麋鹿，是我国特有的珍贵野生动物，具有极高的生态、文化和经济价值。麋鹿经历了野外灭绝、本土绝迹、重引入、种群繁衍和恢复野生种群这一段跌宕起伏的传奇历程。目前，我国麋鹿由最初的 77 只增长到突破万只，已经回归大自然，形成了多个稳定的野生种群。麋鹿保护的成功，被视为世界濒危野生动物保护的典范。为了进一步深入地开展保护、研究和合理利用麋鹿资源，开展麋鹿组织学研究具有重要的现实意义和长远的发展价值。

　　麋鹿组织学是动物组织学的一个分支，主要研究麋鹿器官、组织和细胞的形态、结构、功能及相互关系。通过麋鹿组织学研究，我们可以深入地了解麋鹿生理机能、疾病发生发展机制，以及应对环境变化的适应性等方面的问题，为麋鹿生态保护、疾病防控及可持续发展提供科学依据。

　　随着麋鹿种群的发展，其疾病问题越来越突显，包括野生麋鹿在内的多个麋鹿种群发生疾病，大批量死亡。科学研究者和保护人士高度重视麋鹿的疾病研究，但是关于麋鹿的解剖学和组织学等基础学科存在研究空缺，使得麋鹿的疾病研究进展缓慢。《麋鹿解剖学》和《麋鹿组织学》的出版，将在一定程度上填补这方面的空白。本书是著者 20 余年来在麋鹿疾病诊断和研究方面工作成果的积累，将理论与科研实际相结合。书中的内容均来自麋鹿自然死亡诊断和研究实践过程中的观察研究。由于材料珍贵难得，在测量、描述和拍摄图片时，我们尽量选择无病理或者病理轻微的器官组织。本书是在此基础上从内容的系统性、规范性和实用性方面进行梳理、归纳后编写而成的。

　　本书共分为 18 章，包括上皮组织、结缔组织、软骨与骨、血液、肌组织、神经组织、中枢神经系统、免疫系统、内分泌系统、循环系统、消化系统、呼吸系统、泌尿系统、雄性生殖系统、雌性生殖系统、眼和耳、被皮系统、麋鹿茸等方面的内容。本书旨在总结以往的研究成果，为麋鹿组织学研究提供系统的理论依据和实践指导，推动麋鹿资源的保护与合理利用。

　　本书共选编了 200 多张图片，内容全面，图文并茂，既可作为从事麋鹿保护、饲养、管理及疾病防控等工作人员的工具书，又可作为从事宣传、教育、研究和疾病防控的麋鹿科学普及教育工作者、兽医及其他生物医学工作者的参考书。本书的出版可以进一步丰富麋鹿生命科学基础研究的理论知识，希望能为推动我国麋鹿事业的发展作出贡献。

经历了多年的策划以及材料的收集和研究，尤其是经历了一年多来夜以继日、逐字逐句的键盘敲击，著者亲自精修图片，书稿终于完成。麋鹿是国家一级保护野生动物，材料只能来源于自然死亡个体，符合组织学研究的材料更是难得，全面收集齐各系统器官的材料难度不言而喻，20余年的工作收集仍存缺憾，作为麋鹿健康研究工作者，我们有责任把这本书撰写出来，贡献给大家。

本书的撰写分工如下：白加德等，第 1 章、第 2 章；郭青云等，第 3 章、第 11 章；钟震宇等，其余章。此外，郭青云提供了肠道和骨骼组织图片，其余组织图片均由钟震宇提供。

本书在研究和撰写过程中，得到了国家林业和草原局项目、北京市财政项目、北京市自然科学基金青年科学基金等的资助，得到了中国农业大学陈耀星教授、余锐萍教授、董玉兰教授，以及北京动物园张成林副园长的技术指导，得到了湖北石首麋鹿国家级自然保护区温华军主任和李鹏飞研究员的大力支持，在此表示衷心的感谢！北京麋鹿生态实验中心职工段建彬、张树苗、张晨、胡冀宁、宋苑、赵晓君、吕志强、陈星、孟庆辉、杨峥、张林源、唐宝田、刘艳菊、成海涛、郭耕、孟玉萍、张鹏赛、包海元、王建昌、杨小利、于付智、张宏斌等在保障工作上给予了帮助，在此一并向大家表示感谢！

由于我们的水平有限，虽然已经尽力完善书中的内容，但仍然可能存在不足之处。我们诚挚地向国内外专家学者和广大读者朋友学习求教，欢迎读者提出宝贵意见和建议，以便在今后的研究中不断完善和提高。

著　者
2024 年 3 月 3 日

目　　录

　　组织（tissue）是由细胞（cell）和细胞间质（intercellular substance）构成的细胞群体结构，是构成动物体内各种器官的基本材料。麋鹿身体的基本组织有上皮组织、结缔组织、肌组织和神经组织4种，每种组织具有其独特的形态结构和功能。细胞是生物体基本的结构和功能单位。麋鹿体内的细胞有百余种，一种组织通常由多种类型的细胞构成。细胞间质或称细胞外基质（extracellular matrix），由细胞产生，存在于细胞之间，包括纤维、基质和流体物质（如组织液、血浆、淋巴液等），细胞间质对细胞起着支持、保护、联结和营养作用，参与构成细胞生存的微环境。细胞和细胞间质相互作用与影响，使细胞维持正常的形态和功能。不同的细胞和组织相互结合形成各种器官，用来完成某些特定功能，并与其他功能密切相关的器官按照一定的规律排列在一起组成各个系统。

第一章
上 皮 组 织

上皮组织（epithelial tissue）由大量形状较规则且排列紧密的上皮细胞和少量的细胞间质组成。上皮组织中几乎无血管分布，含有丰富的感觉神经末梢。上皮组织按其分布和功能的不同，可分为被覆上皮、腺上皮、感觉上皮、生殖上皮和肌上皮等。

一、被覆上皮

被覆上皮（covering epithelium）广泛被覆于体表和衬于有腔器官的腔内表面，细胞紧密排列成层状，细胞间质较少。被覆上皮具有保护、吸收、分泌和排泄等功能。被覆上皮依据组成上皮的细胞层数分为单层上皮和复层上皮。被覆上皮根据细胞的层数和形态进行分类命名，仅由一层细胞组成的称为单层上皮（simple epithelium），由两层以上细胞组成的称为复层上皮（stratified epithelium），切面看似复层实际为单层细胞的称为假复层上皮。有的上皮细胞的游离面分化形成一些特殊结构，如分布于呼吸道的上皮细胞游离面分化出纤毛，肠上皮和肾近端小管上皮游离面分化出微绒毛等。上皮的基底面均以基膜与深部结缔组织相贴合，使上皮牢固地附着在结缔组织上。

（一）单层上皮

根据细胞的形态，单层上皮（simple epithelium）又分为单层扁平上皮（心脏、血管淋巴管等内皮，胸膜、腹膜、心包膜，肺泡壁）、单层立方上皮（肾小管、甲状腺滤泡、小叶间胆管）、单层柱状上皮（胃、肠、子宫等）、假复层纤毛柱状上皮（呼吸道、附睾管）4 种。

1. 单层扁平上皮

单层扁平上皮（simple squamous epithelium）由一层扁平细胞和极少量的细

胞间质组成。从表面看，细胞呈不规则形或多边形，细胞的边缘呈锯齿状，相邻细胞互相紧密嵌合。细胞侧面呈梭形或扁平形，细胞核呈扁圆形，位于细胞中央，染色较深。单层扁平上皮分布于心脏、血管、淋巴管、胸膜、腹膜、肺泡及肾小囊等处。它们因分布位置和来源不同而有不同的名称。被覆于胸膜、腹膜和心包膜表面的单层扁平上皮称为间皮（mesothelium）。间皮可分泌少量浆液，使表面湿润光滑，可缓解器官活动时的相互摩擦，具有保护功能。衬于心脏、血管、淋

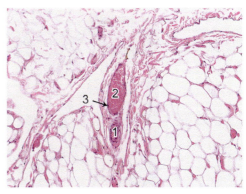

图 1-1　血管内皮的单层扁平上皮 HE 染色（10×）

1：小动脉；2：小静脉；3：单层扁平上皮

Fig 1-1　Simple squamous epithelium of blood vessel endothelium HE staining (10×)

1: small artery; 2: small vein; 3: simple squamous epithelium

巴管内表面的单层扁平上皮称为内皮（endothelium）（图 1-1，图 1-2）。其细胞薄而表面光滑，便于血流和淋巴液流动。有的内皮细胞有小孔，有利于物质交换和转运。单层扁平上皮还分布于肺泡壁、肾小囊壁层和肾小管细段等处。

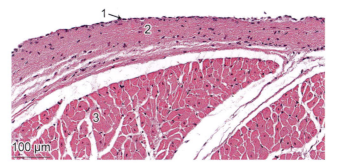

图 1-2　心房的单层扁平上皮 HE 染色（20×）

1：单层扁平上皮；2：心内膜；3：心肌

Fig 1-2　Simple squamous epithelium of atrium cordis HE staining (20×)

1: simple squamous epithelium; 2: endocardium; 3: myocardium

2. 单层立方上皮

单层立方上皮（simple cuboidal epithelium）由一层近似立方形的上皮细胞和少量细胞间质组成。表面观细胞呈多边形，侧面呈立方形。细胞核大，呈圆形，淡染，位于细胞中央（图 1-3）。这种上皮分布于肾小管、肝小叶间胆管、甲状腺滤泡和外分泌腺导管等处，具有分泌、排泄和吸收等功能。

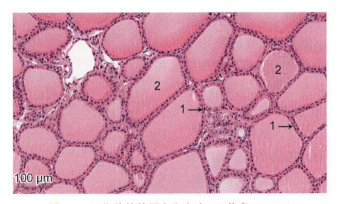

图 1-3　甲状腺的单层立方上皮 HE 染色（20×）

1: 单层立方上皮；2: 甲状腺滤泡

Fig1-3　Simple cuboidal epithelium of thyroid gland HE staining (20×)

1: simple cuboidal epithelium; 2: thyroid gland follicle

3. 单层柱状上皮

单层柱状上皮（simple columnar epithelium）由一层棱柱状细胞和少量细胞间质组成。表面观细胞呈六角形或多边形，侧面观呈柱状。细胞核呈长椭圆形，与细胞长轴平行，着色浅，位于细胞近基部（图 1-4）。此种上皮主要分布于胃、肠、子宫等器官的腔面，具有吸收和分泌功能。分布于小肠腔面的单层柱状上皮，与其吸收功能相适应，柱状细胞极性明显，游离面有许多长而密集的微绒毛（microvillus），形成光镜下可见的纹状缘（striated border）。在肠道的柱状上皮细胞之间散布着许多杯状细胞（goblet cell），该细胞顶部宽，充满黏液性分泌颗粒（黏原颗粒），基部较窄，细胞形似高脚酒杯。细胞核呈三角形或扁圆形，较小，着色很深，位于细胞近基部，HE 染色时因黏原颗粒不着色而呈空泡状。杯状细胞可分泌黏液至上皮表面，有润滑和保护上皮的作用。

衬于输卵管及子宫等腔面的单层柱状上皮，细胞游离面具有纤毛，称为单层纤毛柱状上皮（simple ciliated columnar epithelium），它有协助输送卵细胞或受精卵的作用（图 1-5）。

4. 假复层纤毛柱状上皮

假复层纤毛柱状上皮（pseudostratified ciliated columnar epithelium）由一层形状各异、高矮不等的细胞和细胞间质组成（图 1-6），各种细胞高低不一，细胞核位置参差不齐，由侧面观察似复层，但每个细胞的底部均附着在基膜上，实际为单层上皮。细胞的形状主要有 3 种类型：第一种是柱状细胞，细胞细长，椭圆

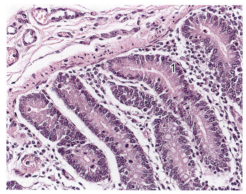

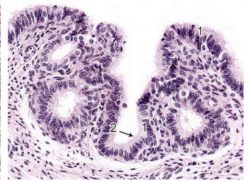

图 1-4　空肠的单层柱状上皮 HE 染色（20×）
1：单层柱状上皮

Fig1-4　Simple columnar epithelium of jejunum
HE staining (20×)
1: simple columnar epithelium

图 1-5　输卵管的单层纤毛柱状上皮 HE 染色（20×）
1：单层纤毛柱状上皮；2：纤毛

Fig 1-5　Simple ciliated columnar epithelium of
oviduct HE staining (20×)
1: simple ciliated columnar epithelium; 2: cilia

形的细胞核位置较高，细胞顶部可达上皮表面，柱状细胞游离面有纤毛，细胞的基部较窄，附着于基膜上；第二种是锥体形细胞，位于上皮的基部，细胞呈锥体形，尖端朝上，基部宽大，附着于基膜上，细胞核圆形；第三种是梭形细胞，两端尖细，细胞中部较大，细胞核位于细胞中部，呈椭圆形，梭形细胞夹在柱状细胞与锥体形细胞之间，顶端不达上皮表面，基部附着于基膜上。假复层纤毛柱状上皮中还散布许多杯状细胞。这种上皮主要分布于呼吸道、附睾管等腔面，具有保护黏膜和分泌的功能。

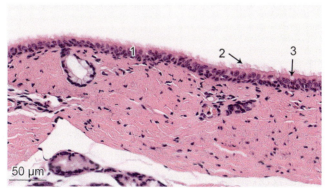

图 1-6　气管的假复层纤毛柱状上皮 HE 染色（40×）
1：假复层纤毛柱状上皮；2：纤毛；3：杯状细胞

Fig 1-6　Pseudostratified ciliated columnar epithelium of trachea HE staining (40×)
1: pseudostratified ciliated columnar epithelium; 2: cilia; 3: goblet cell

此类假复层柱状上皮（pseudostratified columnar epithelium）细胞游离面有不运动的静纤毛（stereocilium）（图 1-7）。

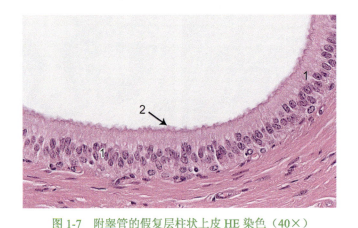

图 1-7　附睾管的假复层柱状上皮 HE 染色（40×）
1：假复层柱状上皮；2：静纤毛
Fig 1-7　Pseudostratified columnar epithelium of epididymal duct HE staining (40×)
1: pseudostratified columnar epithelium; 2: stereocilium

（二）复层上皮

复层上皮（stratified epithelium）由两层或两层以上的细胞构成，最深层的细胞基底面附着于基膜，相邻细胞之间靠特殊连接结构牢固结合在一起。复层上皮分为：复层扁平上皮、复层柱状上皮、变移上皮及复层立方上皮 4 种类型。

1. 复层扁平上皮

复层扁平上皮（stratified squamous epithelium）由多层细胞组成，细胞多达十几层至数十层，是上皮中最厚的一种。细胞的形状由浅至深大致可分为 3 种类型：①浅层为扁平细胞，细胞呈扁平状，不断衰亡脱落，细胞核呈扁圆形，固缩变小，着色深，最表面的扁平细胞衰老退化为无核细胞，并不断脱落为皮屑，同时深层新生细胞不断补充。②中部为多角形细胞，细胞较大，细胞核也较大，呈圆形或椭圆形，着色较浅，细胞表面有棘状突起，与相邻细胞以桥粒（desmosome）彼此相连接，并逐渐移行为浅层的扁平细胞。③紧靠基膜的一层细胞为立方形或矮柱状细胞，细胞核呈圆形或椭圆形，着色较深，此层细胞较幼稚，具有旺盛的分裂增殖能力，新生细胞不断向浅部推移，以补充表面衰老脱落的上皮细胞。复

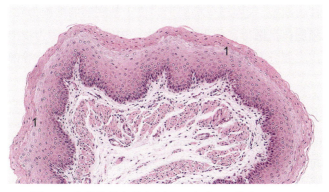

图 1-8　食管的非角化复层扁平上皮 HE 染色（10×）

1: 非角化复层扁平上皮

Fig1-8　Nonkeratinized stratified squamous epithelium of esophagus HE staining (10×)

1: nonkeratinized stratified squamous epithelium

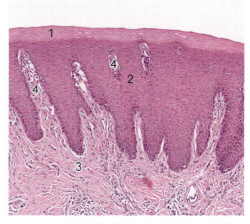

图 1-9　表皮的角化复层扁平上皮 HE 染色（10×）

1：角质层；2：棘层；3：真皮；4：真皮乳头

Fig1-9　Keratinized stratified squamous epithelium of epidermis HE staining (10×)

1: stratum corneum; 2: stratum spinosum; 3: dermis; 4: dermal papilla

层扁平上皮的基底面与深层结缔组织相连，连接处凹凸不平，可增大连接面，起到保护和抗摩擦作用，使上皮牢固地附着于结缔组织上。复层扁平上皮主要分布于体表、口腔、食管、阴道和肛门等摩擦较大的部位。分布于口腔、食管和阴道等腔面处的复层扁平上皮浅层的扁平细胞为有核的活细胞，细胞质中角蛋白含量较少，不形成角质层（图 1-8），称为非角化复层扁平上皮（nonkeratinized stratified squamous epithelium）。分布于体表的复层扁平上皮的浅层细胞的细胞核消失，细胞质内充满角蛋白，形成很厚的角质层（图 1-9），称为角化复层扁平上皮（keratinized stratified squamous epithelium），此种上皮具有很强的抗摩擦、抗溶解、抗渗透和阻止异物侵入等作用。

2. 复层柱状上皮

复层柱状上皮（stratified columnar epithelium）由数层细胞组成，表层是一层排列整齐的柱状细胞，细胞核呈椭圆形。位于基底部的细胞为立方形或多边形，附于基膜上，细胞核呈圆形，位于细胞中央。中间层细胞多为梭形，细胞核呈椭圆形。这种上皮主要分布于睑结膜、尿道及一些腺体的大导管等部位，起保护和排泄作用。

3. 变移上皮

变移上皮（transitional epithelium）也称移行上皮，由数层细胞构成，细胞的层数和形态可随所在器官的收缩与舒张状态而改变。其主要分布于肾盂、肾盏、输尿管和膀胱等处（图1-10）。当膀胱内空虚缩小时，上皮变厚，层数增多，表层细胞表面隆起呈立方形，细胞核圆形、较大，细胞核着色深，有时可见双核，这种细胞称盖细胞（tectorial cell）。中间层细胞有数层，细胞呈多边形，细胞质着色很浅，细胞核较小，圆形或椭圆形。基底层细胞较小，呈矮柱状或立方形，附着于基膜上。当膀胱充盈扩张时，上皮变薄，细胞形状变扁，层数相应减少。

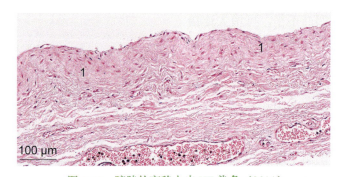

图 1-10　膀胱的变移上皮 HE 染色（20×）
1：变移上皮
Fig1-10　Transitional epithelium of urinary bladder HE staining (20×)
1: transitional epithelium

4. 复层立方上皮

复层立方上皮（stratified cuboidal epithelium）由两层或数层细胞组成，表层细胞呈立方形，中间层细胞为梭形或多边形，深层细胞为立方形或多边形，附于基膜上。典型的复层立方上皮见于汗腺导管，由2～3层立方形细胞组成。

二、腺上皮

腺上皮（glandular epithelium）是一种以分泌功能为主的上皮组织。以腺上皮为主要成分构成的器官称腺体（gland）。体内的腺体分为外分泌腺（exocrine gland）和内分泌腺（endocrine gland）两大类。前者有导管，腺细胞产生的分泌物通过导管排出，此类分泌腺有汗腺、乳腺和消化腺等；后者无导管，腺细胞产生的分泌物为激素类物质，直接进入周围毛细血管或淋巴管，通过循环系统作用于特定的组织器官。内分泌腺有甲状腺、肾上腺和脑垂体等。

（一）外分泌腺

1. 外分泌腺的一般结构

外分泌腺按照构成腺体的细胞多少分为单细胞腺（unicellular gland）和多细胞腺（multicellular gland），前者包括散布于消化道和呼吸道黏膜上皮的杯状细胞；后者由许多腺细胞组成，动物体内绝大多数腺体属于此类。多细胞腺外表面包有结缔组织被膜，结缔组织伸入腺内，把腺实质分成叶和小叶。腺实质一般由分泌部（腺泡）和导管部构成。分泌部（secretory portion）是由腺细胞围成泡状或管状的腺泡组成的，导管部为排泄的通道，由单层或者复层上皮围成，可分为小叶内导管、小叶间导管、叶间导管和主导管。

2. 外分泌腺的分类

外分泌腺种类繁多，有几种不同的分类方法。

（1）根据导管是否有分支，可分为无分支的单腺（simple gland）和有分支的复腺（compound gland）。

（2）按分泌部的形状可分为单管状腺（simple tubular gland）、复管状腺（compound tubular gland）、单泡状腺（simple acinar gland）、复泡状腺（compound acinar gland）和复管泡状腺（compound tubuloacinar gland）等。

（3）根据腺细胞分泌物性质的不同，可把某些外分泌腺分为浆液腺（serous gland）、黏液腺（mucous gland）和混合腺（mixed gland）。浆液腺的腺泡（acinus）由浆液细胞构成，腺细胞具有蛋白分泌细胞的特点，分泌物比较稀薄；黏液腺的腺泡由黏液腺细胞构成，腺细胞具有糖蛋白分泌细胞的特点，分泌物较为黏稠；混合腺的腺泡含有黏液腺细胞或浆液腺细胞，或由浆液腺细胞和黏液腺细胞共同构成混合性腺泡（mixed acinus）。最常见的一种混合性腺泡是以黏液性腺细胞为主，腺泡末端有几个浆液性腺细胞呈半月状排列，称其为浆半月（serous demilune）。

（4）根据腺细胞分泌物的分泌方式分为透出分泌、全浆分泌、顶浆分泌和局浆分泌。透出分泌（diacrine）是指有的腺细胞不形成分泌颗粒，而是以分子的形式从细胞膜渗出的方式，如胃底腺的壁细胞。全浆分泌（holocrine）多为脂类分泌物的分泌方式，腺细胞排列成团，其间无腺泡腔，分泌的脂类分泌物在细胞质中不断形成和积累，当分泌物充满整个细胞时，细胞核逐渐固缩及细胞器消失，整个细胞崩溃，随分泌物一同排出。再以腺泡基部的未分化细胞分裂增殖形成新的腺细胞，皮脂腺和睑板腺属于此类。顶浆分泌（apocrine）的腺细胞形成的分泌颗粒先聚集在细胞顶部，分泌时，分泌颗粒连同部分细胞质由单位膜包裹后一同排出，随即细胞膜很快修复，细胞进入下一个分泌周期，乳腺、汗腺等属于此类。局浆分泌（merocrine）是指腺细胞分泌时分泌颗粒的包膜与细胞膜融合，排出分泌物，唾液腺、胰腺等属于此类。

（5）组成外分泌腺的腺细胞类型如下。

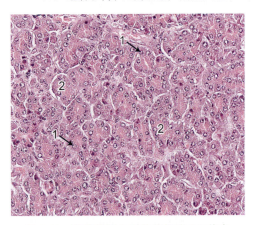

图 1-11　胰腺的蛋白质分泌细胞 HE 染色
（20×）

1：胰腺泡细胞；2：酶原颗粒

Fig1-11　Protein-secretory cell of pancreas HE staining（20×）

1: cell of pancreatic acinus; 2: zymogen granule

a）蛋白质分泌细胞（protein-secretory cell）

腺细胞呈锥体形或矮柱状，细胞核呈圆形，位于细胞中央或者近基部。在 HE 染色标本中，细胞基底部细胞质含有大量粗面内质网呈强嗜碱性而着蓝色，细胞顶部细胞质则含有许多酶原颗粒呈嗜酸性而着红色（图 1-11）。胰腺外分泌部腺泡细胞等细胞的分泌物主要成分为蛋白质。

b）糖蛋白分泌细胞（glycoprotein-secretory cell）

糖蛋白分泌细胞是一种锥体形或柱状细胞，细胞核小而扁圆形，着色深，位于细胞基底部，顶部细胞质有许多较大的分泌颗粒。在 HE 染色标本中，细胞顶部常因分泌颗粒被溶解而呈泡沫状或空泡状。

c）脂类分泌细胞（lipid-secretory cell）

这类分泌细胞内含有较多的核糖体、线粒体、粗面内质网、滑面内质网和高尔基体等细胞器。腺体的分泌物中富含脂肪酸、类固醇和磷酸等成分。这类外分泌腺有皮脂腺、睑板腺、睑缘腺和乳腺等。

（二）内分泌腺

根据分泌物的性质，内分泌腺的腺细胞可分为类固醇分泌细胞和肽类分泌细胞两大类。

1. 类固醇分泌细胞

类固醇分泌细胞（steroid-secretory cell）呈多边形或圆形，细胞核呈圆形，位于细胞中央，细胞质中含有大量小脂滴。HE 染色时因脂滴被溶解，细胞质呈空泡状。分泌物主要成分为类固醇激素（图 1-12）。

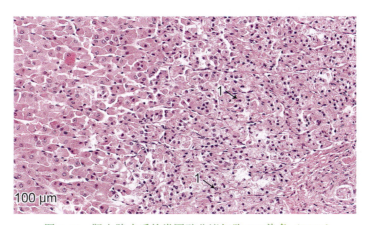

图 1-12　肾上腺皮质的类固醇分泌细胞 HE 染色（20×）

1：类固醇分泌细胞

Fig1-12　Steroid-secretory cell of adrenal cortex HE staining (20×)

1: steroid-secretory cell

2. 肽类分泌细胞

肽类分泌细胞（peptide-secretory cell）呈圆形、多边形或锥形，细胞核呈圆形，细胞质着色浅，细胞基底部细胞质含有大量分泌颗粒，HE 染色标本中颗粒不易分辨，但经铬盐或银盐等特殊染色后可着黑色，故此种细胞又称嗜银细胞（argyrophilic cell）。此类细胞能产生胺，并能合成肽类物质，属于摄取胺前体脱羧细胞（amine precursor uptake and decarboxylation cell，APUD 细胞），如消化管的内分泌细胞。

三、感觉上皮

感觉上皮（sensory epithelium）内含有特殊分化的且能感受某种特殊刺激的细胞，如味蕾中感受味觉的细胞，内耳位觉和听觉感受器上的毛细胞等；有的感觉上皮内有神经细胞，如嗅上皮。视网膜则主要由神经细胞层和色素细胞层组成，前者称为神经上皮（neuroepithelium）。

四、生殖上皮

生殖上皮（germinal epithelium）分布于动物睾丸生精小管上皮和卵巢皮质。生精小管上皮主要由生精细胞组成，细胞增殖分化，最终形成大量精子。卵巢皮质由不同发育阶段的卵泡、黄体，以及富含梭形基质细胞和网状纤维的结缔组织等构成。

五、肌上皮

肌上皮（myoepithelium）由在一些腺（如汗腺、乳腺、唾液腺等）的腺泡细胞基部，即在腺泡细胞与基膜之间及部分导管的细胞与基膜之间附着的一种扁平有突起并具有收缩功能的细胞组成，该细胞称为肌上皮细胞（myoepithelial cell）。

本章撰写人员：白加德、钟震宇、郭青云

第二章

结　缔　组　织

结缔组织（connective tissue）是由大量细胞间质和少量细胞构成的。细胞分散在细胞间质中。细胞间质主要由基质和包埋于其中的纤维组成。基质可呈液态、胶态或固态，根据形态的不同，可将结缔组织分为血液、淋巴、固有结缔组织、软骨组织和骨组织等。本章主要讲述固有结缔组织（connective tissue proper），根据其结构和功能的不同，分为疏松结缔组织、致密结缔组织、网状组织和脂肪组织等。

一、疏松结缔组织

疏松结缔组织（loose connective tissue）的结构特点是细胞种类较多而分散，细胞间质中基质有很多，纤维种类有胶原纤维、弹性纤维、网状纤维，且排列松散，故又称蜂窝组织（areolar tissue）。疏松结缔组织内富含血管和神经，广泛地分布于器官之间、组织之间及细胞之间，具有连接、保护、支持、营养物质和代谢产物的传送、创伤修复及防御等功能。

（一）细胞间质

细胞间质包括基质和纤维，它们对结缔组织的构造和功能有着重要意义。基质（ground substance）是一种无色、透明黏稠的胶状物质，充满于纤维和细胞之间，是细胞间质的主要成分。基质的化学成分主要是蛋白多糖（proteoglycan）、糖蛋白和水。疏松结缔组织的纤维包括胶原纤维、弹性纤维和网状纤维 3 种。

1. 胶原纤维

胶原纤维（collagen fiber）是疏松结缔组织中数量最多的纤维，在新鲜状态下呈白色，故又称白纤维。在 HE 染色的切片标本中，胶原纤维呈嗜酸性，呈淡红色，纤维粗细不等，波浪状，排列疏松，并交织成网。胶原纤维具有很强的韧性，抗拉力强，但弹性小，遇酸或碱会膨胀，故在 HE 染色的标本中常因胶原纤维膨胀而轮廓不清。

2. 弹性纤维

弹性纤维（elastic fiber）在新鲜状态下呈黄色，又称黄纤维，数量较少，常与胶原纤维交织在一起。在 HE 染色标本中，弹性纤维不易着色，折光性强，呈较亮的淡粉色。弹性纤维较细，笔直行走，分支交织成网。弹性纤维具有很强的弹性，断端常卷曲，但韧性差，与胶原纤维交织在一起可起到互补作用，使疏松结缔组织既有韧性又有弹性。

3. 网状纤维

网状纤维（reticular fiber）在疏松结缔组织中较少见，主要分布于结缔组织与其他组织的交界处，如基膜的网板、毛细血管以及肾小管的周围，在造血器官及内分泌腺内则较多。网状纤维比胶原纤维细得多。网状纤维在 HE 染色标本中不着色，但 PAS 染色呈阳性。网状纤维具有嗜银性，银浸染色呈黑色，又称为嗜银纤维（argyrophil fiber），故可采用银浸染色法显示。

（二）细胞成分

疏松结缔组织中的细胞种类较多，呈散在分布，细胞的数量和分布受到局部生理状况的影响。疏松结缔组织的细胞包括成纤维细胞、巨噬细胞、浆细胞、肥大细胞、脂肪细胞、未分化的间充质细胞以及各种白细胞等（图 2-1）。

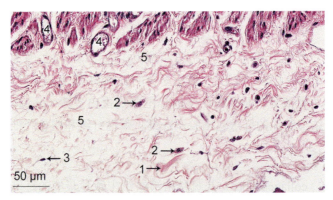

图 2-1　空肠的疏松结缔组织 HE 染色（40×）

1：胶原纤维；2：巨噬细胞；3：成纤维细胞；4：血管；5：疏松结缔组织

Fig2-1　loose connective tissue of jejunum HE staining（40×）

1: collagen fiber; 2: macrophage; 3: fibroblast; 4: blood vessel; 5: loose connective tissue

1. 成纤维细胞

作为在疏松结缔组织中数量最多和最常见的细胞，成纤维细胞（fibroblast）常依附在胶原纤维上。在切片中，成纤维细胞的形态为有突起的多角形或梭形细胞，胞体较大，细胞核也较大，呈椭圆形，有 1 ～ 2 个明显的核仁，细胞核着色较浅。细胞质较多，呈弱嗜碱性，HE 染色标本中成纤维细胞轮廓不清。成纤维细胞可以产生原纤维、弹性纤维和网状纤维。处于相对静止、功能不活跃期的成纤维细胞又称纤维细胞（fibrocyte），细胞体积较小，多呈细长梭形，突起少，细胞质少，细胞质常呈弱嗜酸性，着深红色，细胞核小，呈扁卵圆形，着色较深。

2. 巨噬细胞

巨噬细胞（macrophage）是疏松结缔组织中数量较多的细胞，分布广泛。其可分为固定巨噬细胞和游走巨噬细胞 2 种类型。巨噬细胞又称组织细胞（histiocyte），其在常规 HE 染色时较成纤维细胞小，胞体形状不规则，多呈星形或梭形，细胞核呈卵圆形、椭圆形或肾形，着色较深，核仁不明显，细胞质丰富，具有嗜酸性等特点。肝巨噬细胞表面抗原的单克隆抗体及免疫组织化学方法可较准确地鉴别巨噬细胞。游走的巨噬细胞内常可见被吞的异物颗粒和空泡。

3. 浆细胞

在疏松结缔组织中浆细胞（plasma cell）数量很少，但其在病原菌或异体蛋白质易于侵入的部位，如消化道和呼吸道黏膜的固有结缔组织内较多，也存在于体内各处淋巴组织内。浆细胞的形态多呈圆形或卵圆形。细胞核呈圆形，常偏于细胞一端，核仁不清。细胞质丰富，呈嗜碱性。

4. 肥大细胞

肥大细胞（mast cell）是疏松结缔组织中比较常见的细胞，常沿小血管和小淋巴管成群分布。其在机体与抗原易接触的部位，如消化道、呼吸道的黏膜中比较多见。

肥大细胞较大，为圆形或卵圆形，细胞核较小，呈圆形或椭圆形，位于细胞中央。细胞质内充满均匀一致的异染性颗粒，颗粒易溶于水，在 HE 染色标本中不易见到，但在被甲苯胺蓝染色时颗粒呈紫红色，被阿利新蓝 - 藏红染色时绝大多数颗粒呈蓝色（图 2-2）。

5. 脂肪细胞

脂肪细胞（fat cell）是疏松结缔组织中常见的细胞之一，通常在疏松结缔组织内见到的脂肪细胞是单泡脂肪细胞（unilocular adipose cell）。脂肪细胞常沿血管分布，单个或成群出现。脂肪细胞呈圆球形，细胞很大，直径100～200μm，互相挤压时可呈多边形，细胞质内有一个大的脂滴，占据细胞质的大部分，细胞核被挤压成扁圆形，位于细胞的一侧。在HE染色标本中，细胞中的脂滴被脂溶剂溶解而呈空泡状，使细胞像一个大的空泡（图2-3）。

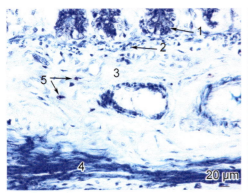 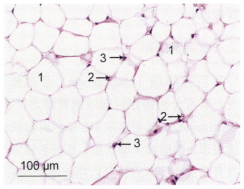

图 2-2　空肠甲苯胺蓝染色（40×）　　　图 2-3　脂肪组织 HE 染色（20×）
1：肠腺；2：黏膜肌层；3：黏膜下层；4：肌层；5：肥大细胞　　　1：脂肪细胞；2：毛细血管；3：细胞核
Fig2-2　Jejunum toluidine blue staining（40×）　　Fig2-3　Adipose tissue HE staining（20×）
1: intestinal gland; 2: muscularis mucosa; 3: submucous　　　1: fat cell; 2: capillary; 3: nucleus
layer; 4: muscular layer; 5: mast cell

6. 间充质细胞

疏松结缔组织中除上述细胞外,还存在一些未分化的间充质细胞（undifferentiated mesenchymal cell），常分布在小血管和毛细血管周围。胞体较小，形态与成纤维细胞相似，它们是一些幼稚型细胞，具有向多方向分化的潜能，在一定条件下，可增殖分化为成纤维细胞、脂肪细胞、平滑肌细胞及内皮细胞等。

7. 白细胞

在疏松结缔组织中常见到来自血液的数量不等的白细胞（leukocyte），如中性粒细胞、嗜酸性粒细胞、单核细胞和淋巴细胞等。白细胞数量的多少受局部生理状况的影响。

二、致密结缔组织

致密结缔组织（dense connective tissue）的组成成分与疏松结缔组织基本相同，两者的区别在于，致密结缔组织的纤维成分特别多且排列紧密，细胞和细胞间质成分很少。纤维以胶原纤维和弹性纤维为主。根据致密结缔组织组成纤维的成分和排列方式，其可分为下列几种类型。

1. 规则致密结缔组织

肌腱和腱膜是规则致密结缔组织（dense regular connective tissue）的典型代表。大量的胶原纤维沿受力方向平行紧密排列，纤维之间借少量无定形基质相连接。纤维束之间成行排列的细胞为腱细胞（tenocyte），它是一种变形的成纤维细胞，受到纤维束的挤压，细胞伸出翼状突起插入纤维束之间。细胞核呈椭圆形，着色较深，位于细胞的中央（图 2-4，图 2-5）。

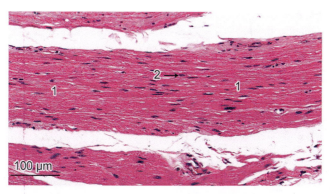

图 2-4　肌腱的规则致密结缔组织 HE 染色（20×）

1：胶原纤维；2：腱细胞（成纤维细胞）

Fig2-4　Dense regular connective tissue of tendon HE staining (20×)

1: collagen fiber; 2: tenocyte (fibroblast)

2. 不规则致密结缔组织

不规则致密结缔组织（dense irregular connective tissue）分布于皮肤真皮的网状层及一些器官的被膜，以胶原纤维为主，弹性纤维较少（图 2-6）。其特点是粗大的胶原纤维束彼此交织成致密的网或层排列，网孔间或纤维束之间只有少量的基质与成纤维细胞、纤维细胞、小血管和神经束等。

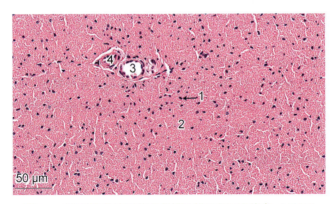

图 2-5　规则致密结缔组织项韧带横切面 HE 染色（40×）

1：腱细胞（成纤维细胞）；2：胶原纤维；3：微静脉；4：微动脉

Fig2-5　Dense regular connective tissue transverse section of nuchal ligament HE staining (40×)

1: tenocyte (fibroblast); 2: collagen fiber; 3: venule; 4: arteriole

3. 弹性组织

弹性组织（elastic tissue）这类致密结缔组织富含弹性纤维，粗大的弹性纤维平行排列成束，以细小分支连接成网，其间分布有少量胶原纤维和成纤维细胞，如项韧带和声带。有的弹性纤维交织成网膜状，如大动脉中膜（图 2-7）。

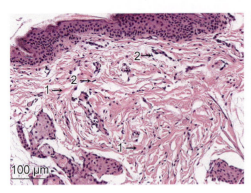

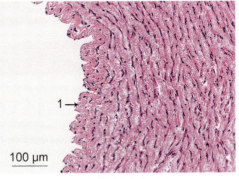

图 2-6　真皮的不规则致密结缔组织 HE 染色（20×）

1：胶原纤维；2：成纤维细胞

Fig2-6　Dense irregular connective tissue of dermis HE staining (20×)

1: collagen fiber; 2: fibroblast

图 2-7　大动脉中膜的弹性组织 HE 染色（20×）

1：弹性纤维

Fig2-7　Elastic tissue tunica media of large artery HE staining (20×)

1: elastic fiber

三、网状组织

网状组织（reticular tissue）是由网状细胞、网状纤维和基质构成的。网状细胞（reticular cell）呈多突起星形，突起彼此连接成网。细胞质丰富，细胞核呈圆形或椭圆形，较大，着色浅，核仁清晰。网状纤维由网状细胞产生，细而有分支，具嗜银性，沿网状细胞胞体及其突起缠绕，成为网状细胞的支架。基质是流动的淋巴液或组织液，填充在网状细胞和网状纤维的网孔内（图2-8）。网状组织不单独存在，分布在骨髓、脾、淋巴结和淋巴组织内，成为支架，网孔中分布许多淋巴细胞和巨噬细胞等。

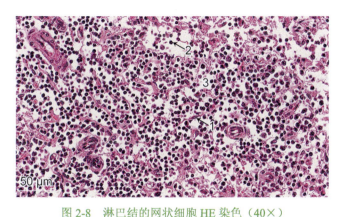

图 2-8　淋巴结的网状细胞 HE 染色（40×）
1：网状细胞；2：淋巴细胞；3：髓质
Fig2-8　Reticular cell of lymph node HE staining (40×)
1: reticular cell; 2: lymphocyte; 3: medulla

四、脂肪组织

脂肪组织（adipose tissue）主要由大量脂肪细胞聚集而成，是一种特殊的结缔组织。脂肪细胞密集成团，富含血管、神经的疏松结缔组织将其分隔成小叶。

脂肪组织新鲜时呈白色或黄色，主要由单泡脂肪细胞组成，脂肪细胞的细胞质被一个大脂滴充满，细胞核和少量细胞质被推挤到细胞一侧。在 HE 染色标本上，脂滴被溶解，呈空泡（图2-9）。脂肪组织的细胞堆积排列紧密，数量大，

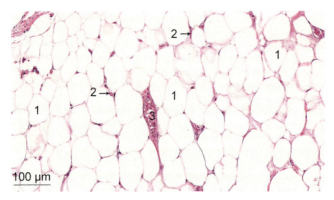

图 2-9　脂肪组织 HE 染色（20×）
1：脂肪细胞；2：毛细血管；3：血管
Fig2-9　Adipose tissue HE staining (20×)
1: fat cell; 2: capillary; 3: blood vessel

细胞相互挤压呈多边形。但在细胞间狭小的间隙中还有胶原纤维、网状纤维和成纤维细胞、巨噬细胞、肥大细胞及血管等成分。成年动物体内的脂肪组织多属于此类，主要分布于网膜和黄骨髓等处。

本章撰写人员：白加德、钟震宇、单云芳

第三章

软 骨 与 骨

一、软骨

软骨（cartilage）是一种特殊的结缔组织，由软骨组织及其周围的软骨膜组成。软骨具有支持和保护作用。麋鹿胎儿早期的躯干骨和四肢骨主要是软骨。随着胎儿的发育，软骨逐渐被骨替代。麋鹿成年后，软骨数量较少，仅存在于关节面、椎间盘、剑状软骨、肋软骨、肩胛软骨、心骨、关节软骨、呼吸道和耳郭等处。雄性麋鹿在茸生长期产生大量软骨组织，这种软骨组织结构特殊，组织中含有丰富的血管，随着茸的生长，软骨组织从茸（角）基部向上逐渐被骨组织替代。

（一）软骨组织

软骨组织（cartilage tissue）由软骨细胞（chondrocyte）、基质和纤维组成。根据软骨组织中细胞间质内所含的纤维成分的不同，可将软骨分为透明软骨、弹性软骨和纤维软骨 3 种类型。

1. 软骨细胞

存在于不同部位的软骨细胞形态差异较大。其在软骨表面是一些幼稚细胞，体积较小，呈扁圆形，细胞长轴平行于软骨表面。越往深层，软骨细胞逐渐变大，呈椭圆形或圆形，形成 2～5 个细胞组成的群体，因其由一个母细胞分裂增殖而来，故称同源细胞群（isogenous group）。细胞核呈圆形，可见 1～2 个核仁，细胞质弱嗜碱性。

透明软骨的细胞位于软骨基质形成的软骨陷窝（cartilage lacuna）内，陷窝周围有一层强嗜碱性、深染的基质层，称为软骨囊（cartilage capsule）。存活状态时的软骨细胞充满于软骨陷窝内，但在切片标本中，因软骨细胞收缩，致使细胞与软骨囊之间出现空隙，软骨细胞也变成不规则形。软骨细胞能合成基质与胶原纤维。

2. 基质

软骨基质（cartilage matrix）呈半固态凝胶状，具有一定的硬度和弹性，并能承受压力和耐摩擦。其主要成分是软骨黏蛋白和水，嗜碱性，HE 染色呈蓝色。

3. 纤维

纤维由细小的胶原纤维构成，排列不规则，交织分布于基质内。由于胶原纤维太细，在 HE 染色的标本下纤维很难分辨。

（二）软骨膜

软骨膜（perichondrium）是软骨周围包被的一层致密结缔组织。软骨膜分内、外两层，外层致密，细胞少，主要起保护作用；内层较疏松，含有较多的细胞和血管，含有一种能形成软骨的幼稚细胞，称为骨原细胞（osteoprogenitor cell）或成软骨细胞（chondroblast），它可增殖分化为软骨细胞。内层的血管给软骨组织提供营养，并运走代谢产物。

（三）软骨的类型

1. 透明软骨

3 种软骨中以透明软骨（hyaline cartilage）分布最广，分布于肋软骨、剑状软骨、关节软骨、鼻、喉、气管和支气管等处，新鲜时呈半透明状，略具弹性，但较脆易折断。透明软骨细胞间质中含有胶原纤维，基质较丰富，软骨细胞位于基质内的软骨陷窝中（图 3-1）。

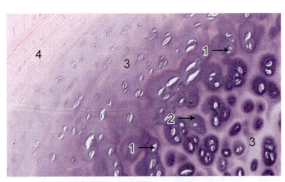

图 3-1　气管的透明软骨 HE 染色（20×）
1: 软骨细胞；2: 软骨囊；3: 软骨基质；4: 软骨膜
Fig 3-1　Hyaline cartilage of trachea HE staining (20×)
1: chondrocyte; 2: cartilage capsule; 3: cartilage matrix;
4: perichondrium

2. 弹性软骨

新鲜的弹性软骨（elastic cartilage）呈黄色，不透明，具有明显的可弯曲性和较强的弹性。软骨基质中含有大量交织排列的弹性纤维（图 3-2）。软骨细胞较大，呈圆形，一个同源群内的细胞较少，2～4个。此外，基质中还有少量胶原纤维。弹性软骨分布于耳郭、外耳道、会厌及喉等处。

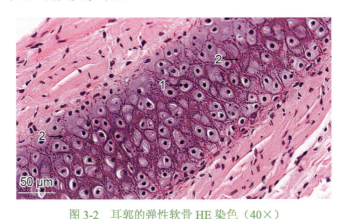

图 3-2　耳郭的弹性软骨 HE 染色（40×）
1：软骨细胞；2：弹性纤维
Fig 3-2　Elastic cartilage of auricle HE staining (40×)
1: chondrocyte; 2: elastic fiber

3. 纤维软骨

新鲜的纤维软骨（fibrocartilage）呈不透明的乳白色，纤维软骨韧性强。纤维软骨主要分布于椎间盘、耻骨联合和关节盘等处。纤维软骨的结构特点是基质内含有大量平行或交错排列的胶原纤维束。软骨细胞呈卵圆形，常成行分布于纤维束之间的软骨囊内。在 HE 染色的标本中，胶原纤维束嗜酸性，染成红色，基质很少，弱嗜碱性，软骨囊腔嗜碱性（图 3-3）。

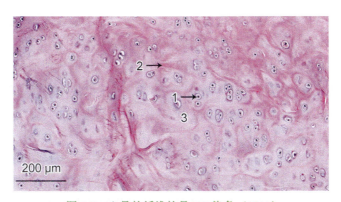

图 3-3　心骨的纤维软骨 HE 染色（10×）
1：软骨细胞；2：胶原纤维；3：软骨基质
Fig 3-3　Fibrocartilage of cardial bone HE staining (10×)
1: chondrocyte; 2: collagen fiber; 3: cartilage matrix

二、骨

骨（bone）由骨组织、骨膜及骨髓构成。骨的功能包括支持、保护内脏器官及参与运动等；骨也是机体的钙储存库，并参与调节钙磷代谢；骨内的骨髓还承担着机体造血功能。

（一）骨组织

骨组织（bone tissue）是高度分化的结缔组织，由多种细胞及细胞间质构成。钙化的细胞间质称为骨基质，具有力学强度的矿化结构，是最坚硬的结缔组织。骨的细胞主要包括骨原细胞、成骨细胞、骨细胞和破骨细胞等。其中骨细胞分散在间质的陷窝内，其他的骨细胞则位于骨组织的表面，共同参与骨的增长、扩大、重建和修复。

1. 骨的细胞成分

1）骨原细胞

骨原细胞（osteoprogenitor cell）是骨组织中一种分化程度很低的细胞，位于骨内膜及骨外膜贴近骨质处，具有很强的分裂增殖能力。细胞胞体较小，呈梭形，细胞质很少，弱嗜碱性，骨原细胞通过分裂增殖分化为成骨细胞。

2）成骨细胞

成骨细胞（osteoblast）比骨原细胞大，胞体呈立方形或矮柱状，细胞质丰富，嗜碱性。细胞核较大，呈圆形或椭圆形，着色浅，一般有 1～3 个核仁。成骨细胞的数量较多，细胞呈单行排列，覆盖于新骨表面。成骨细胞合成和分泌纤维与基质，构成骨基质的有机成分为类骨质（osteoid），类骨质经钙盐沉积钙化后形成骨质。成骨细胞在分泌类骨质的过程中被包埋，在骨质内转化为骨细胞。

3）骨细胞

骨细胞（osteocyte）分布于骨质内，是骨组织中数量最多的细胞。骨细胞呈扁圆形，是具有许多细长突起的细胞。骨细胞位于椭圆形的骨陷窝（bone lacuna）内，许多细长突起伸到骨陷窝四周呈辐射状的骨小管（bone canaliculus）中，相邻骨陷窝的骨小管彼此连通，并通向骨表面。骨陷窝和骨小管内都含有组织液，为骨细胞提供各种营养和氧气，并排出代谢产物。

4）破骨细胞

破骨细胞（osteoclast）分布于骨质表面，数量较少。破骨细胞由多个单核细胞融合而成，是一种溶解吸收骨质的巨大细胞，含有多个核。细胞核染色淡，细胞质呈嗜酸性。

2. 骨基质

骨基质（bone matrix）是骨的细胞间质，包括有机质和无机质。有机质由成骨细胞产生，主要是胶原纤维及基质，占有机质成分的 95%，基质成分为黏蛋白，呈凝胶状。无机质又称骨盐，主要是磷酸钙、碳酸钙、柠檬酸钙和磷酸二氢钙等钙盐，它们以羟基磷灰石结晶 [hydroxyapatite crystal，$Ca_{10}(PO_4)_6(OH)_2$] 的形式存在，分布于骨基质中。骨基质结构常呈板层状排列，称为骨板（bone lamella）。同一骨板内的骨胶纤维互相平行排列，而相邻骨板内的骨胶纤维则互相垂直或形成一定角度。

（二）骨的结构

麋鹿骨骼的形态和大小差异很大，但无论长骨、短骨、扁骨和不规则骨，其结构都由松质骨和密质骨两种类型的骨质构成。松质骨即海绵样骨，分布于长骨骨骺的深部及短骨、扁骨和不规则骨的内部，为骨小梁相互连接而形成类似海绵状的多孔隙网格结构，网孔中充满骨髓和脂肪组织。密质骨主要位于长骨的骨干及短骨、扁骨和不规则骨的表面，结构致密而坚硬。两种类型的骨彼此渐次移行。

股骨和桡骨等典型的长骨，可分为骨干（diaphysis）、骨骺（epiphysis）及干骺端，外表面覆盖致密结缔组织的骨外膜。在干骺端处有一层较厚的透明软骨，称为骺板（epiphyseal plate）或生长板（growth plate）。

1. 密质骨

密质骨（compact bone）主要分布于长骨骨干和扁骨的表面，其骨板排列致密而有规律。根据骨板排列方式密质骨可分为骨单位、间骨板和环骨板。

1）骨单位

骨单位（osteon）又称哈弗斯系统（Haversian system），位于内、外环骨板之间，是长骨骨干的主要结构单位，数量多。骨单位呈圆筒状，由多层同心圆环形骨板围绕一条纵行血管所构成（图3-4）。在横切面上，骨单位中心有一中央管（central canal）或称哈弗斯管（Haversian canal），内有血管和神经穿行，其周围有 4～20 层环绕中央管排列的骨板，称为骨单位骨板（osteon lamella）或哈弗斯骨板（Haversian lamella），骨板间和骨板内有骨陷窝，陷窝的周围有放射状排列的骨小管。骨单位最内层的骨小管末端均开口于中央管，内、外环骨板内均有横向穿行的穿通管（图 3-5）。

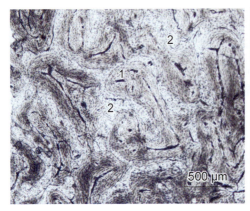
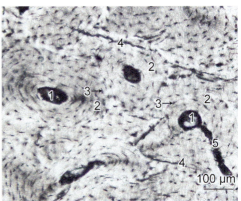

图 3-4　麋鹿骨磨片（4×）
1：骨单位；2：间骨板
Fig 3-4　Bone grinding plate of milu (4×)
1: osteon; 2: interstitial lamella

图 3-5　麋鹿骨磨片（20×）
1：中央管；2：骨小管；3：骨陷窝；4：骨黏合线；5：穿通管
Fig 3-5　Bone grinding plate of milu (20×)
1: central canal; 2: bone canaliculus; 3: bone lacuna; 4: bone cement line; 5: perforating canal

2）间骨板

间骨板（interstitial lamella）是分布于骨单位之间的一些不规则的骨板，一般是陈旧的骨单位被吸收后的残留部分。间骨板没有中央管，仅有骨陷窝和骨小管。

3）环骨板

环骨板（circumferential lamella）是分布于骨干外表面和骨髓腔内表面的骨板，分别称为外环骨板（outer circumferential lamella）和内环骨板（inner circumferential lamella）。外环骨板较厚，有数层到数十层不等，与骨表面平行排列，贴于骨外膜下方。内环骨板较薄，紧靠骨髓腔面，仅有数层骨板，骨板排列不如外环骨板规则，内环骨板的内表面衬着一层很薄的骨内膜。骨外膜和骨内膜的小血管可横向穿过外环骨板或内环骨板，贯穿环骨板的管道称为穿通管（perforating canal）或福尔克曼管（Volkmann's canal），它与纵向排列的骨单位中央管连通。

2. 松质骨

松质骨（spongy bone）主要位于长骨的骨骺深部、扁骨和不规则骨内部，是由大量针状或片状的骨小梁互相连接成的多孔网架结构，呈海绵状，孔隙内充满红骨髓。松质骨的骨小梁粗细不一，由平行排列的骨板和骨细胞构成。

3. 骨膜

骨膜由致密结缔组织构成，包围在骨外表面较厚的致密结缔组织膜称为骨外膜（periosteum），衬于长骨和骨骺松质骨的骨髓腔面、骨小梁表面、中央管和穿通管的内表面的薄层结缔组织称为骨内膜（endosteum）。骨外膜可分内、外两层。外层较厚，含较多粗大的胶原纤维，并交织成网。有的纤维束横向穿入骨质，称为穿通纤维（perforating fiber），它有固定骨膜的作用。内层较薄，紧贴于骨表面，胶原纤维少而细，且排列疏松，富含血管和细胞，主要是幼稚型的骨原细胞，细胞常排列成一层，这些骨原细胞可转化为成骨细胞，从而参与骨的生长和修复。骨内膜的纤维细而小，有一层扁平的骨原细胞，能分裂分化为成骨细胞。

4. 骨髓

骨髓（bone marrow）充满于骨髓腔及松质骨孔隙内，是一种柔软的造血组织，能产生血细胞的骨髓略呈红色，称为红骨髓（red bone marrow）。胚胎时期骨髓腔内全部为红骨髓，成年后，红骨髓主要存在于骨骺等松质骨内，长骨骨髓腔内的红骨髓被脂肪组织代替，称为黄骨髓（yellow bone marrow）。红骨髓执行造血机能，黄骨髓一般情况下不再造血，但仍保持造血潜能。

本章撰写人员：郭青云、钟震宇、刘田

第四章

血 液

血液（blood）是一种在心血管系统内循环流动的液态结缔组织，由红细胞、白细胞、血小板和血浆组成。血浆相当于血液的细胞间质，是淡黄色的透明液体，具有一定的黏滞性，主要成分是水（90%），其余是血浆蛋白（包括白蛋白、球蛋白、纤维蛋白）、脂蛋白、脂滴、无机盐、酶类、激素、维生素和各种代谢产物等。

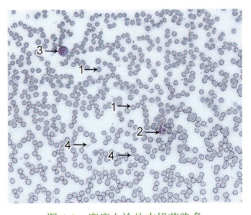

图 4-1　麋鹿血涂片吉姆萨染色
1：红细胞；2：中性粒细胞；3：淋巴细胞；4：血小板
Fig 4-1　Blood smear of milu Giemsa staining
1: erythrocyte; 2: neutrophilic granulocyte; 3: lymphocyte;
4: blood platelet

一、红细胞

红细胞（erythrocyte，red blood cell，RBC）表面光滑，呈两面微凹的圆盘状，中间薄，边缘厚，血涂片中呈现出中央着色淡而周缘着色较深（图4-1）。成熟的红细胞没有细胞核和细胞器，细胞质中充满血红蛋白。血红蛋白是一种碱性含铁的蛋白质，易与酸性染料结合，经常规染色后呈红色。麋鹿血液中红细胞的正常数量约为 $(7.65 \pm 0.63) \times 10^{12}/L$。

二、白细胞

白细胞（leukocyte，white blood cell，WBC）是一种具有细胞核和细胞器的球状细胞。白细胞体积比红细胞大，种类多，具有防御和免疫功能。白细胞在血液中只是"过客"，由骨髓或胸腺进入血液循环，分布到全身各处，在血管外存在的时间比血液中要长得多。白细胞在血液中的数量远比红细胞少，麋鹿血液中白细胞的正常数量约为 $(4.6 \pm 0.8) \times 10^{9}/L$。

根据白细胞的细胞质内有无特殊颗粒，分为有粒白细胞和无粒白细胞。有粒白细胞又根据特殊颗粒对染料的嗜色性差异，分为中性粒细胞、嗜酸性粒细胞和嗜碱性粒细胞；无粒白细胞又分为单核细胞和淋巴细胞。

1. 中性粒细胞

中性粒细胞（neutrophilic granulocyte）呈球形，在常规血涂片中，细胞质无色或呈淡红色，弥散分布着淡红色或浅紫色的特殊颗粒。细胞核染色较深，且形态多样，杆状核、分叶核均可见（图 4-2）。通常认为分叶数的多少与细胞年龄有关，即核分叶越多，表明细胞越接近衰老。

中性粒细胞具有吞噬和杀菌作用，并且对细菌和感染组织释放的某些物质具有趋化性，在体内起重要的防御作用，在某些急性炎症疾病发生时，体内中性粒细胞数量明显增多。

麋鹿血液中的中性粒细胞正常数量为（2.58±0.42）×10^9/L，其数量占血液中白细胞总数的 48% ～ 77%，中性粒细胞的数量最多。

2. 嗜酸性粒细胞

嗜酸性粒细胞（eosinophilic granulocyte）呈球形，在常规血涂片中，嗜酸性粒细胞体积较中性粒细胞略大，细胞质呈淡红色，布满粗大、圆形、红色颗粒，细胞核最常见的为 2 叶（图 4-3）。

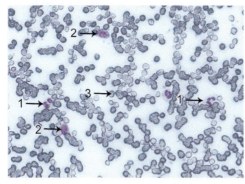

图 4-2　麋鹿血涂片吉姆萨染色
1：中性粒细胞；2：淋巴细胞；3：红细胞
Fig 4-2　Blood smear of milu Giemsa staining
1: neutrophilic granulocyte; 2: lymphocyte; 3: erythrocyte

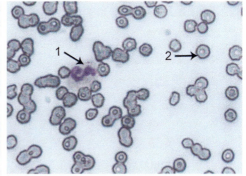

图 4-3　麋鹿血涂片吉姆萨染色
1：嗜酸性粒细胞；2：红细胞
Fig 4-3　Blood smear of milu Giemsa staining
1: eosinophilic granulocyte; 2: erythrocyte

嗜酸性粒细胞也具有趋化性和变形运动。嗜酸性粒细胞具有抗过敏和抗寄生虫等作用，在过敏性疾病或寄生虫病发生时，血液中嗜酸性粒细胞数量增多。

在寄生虫所在的组织中可见嗜酸性粒细胞聚集。

麋鹿血液中的嗜酸性粒细胞数量很少，占血液中白细胞总数的1.8%～2.1%。

3. 嗜碱性粒细胞

嗜碱性粒细胞（basophilic granulocyte）呈球形，在常规血涂片中，嗜碱性粒细胞呈圆形，大小与嗜酸性粒细胞相近。细胞质呈极浅的棕红色，含有嗜碱性颗粒，大小不等、分布不均，经瑞氏染色后为蓝紫色圆形或椭圆形的颗粒。细胞核分叶、呈"S"形或不规则形，着色浅（图4-4）。嗜碱性颗粒内含肝素、组胺、白细胞三烯等物质，这些物质具有抗凝血作用和参与过敏反应。嗜碱性粒细胞在麋鹿血液中数量最少，占白细胞总数的0.4%～0.6%。

4. 单核细胞

单核细胞（monocyte）呈球形，它是白细胞中体积最大的细胞，细胞呈圆形或椭圆形，细胞质丰富，弱嗜碱性，瑞氏染色呈均匀的浅灰色，其中可见许多散在较细的、紫红色的嗜天青颗粒。细胞核形态多样，呈肾形、马蹄形或不规则形（图4-5）。麋鹿血液中的单核细胞正常数量为（0.2±0.01）×10^9/L，其数量占血液中白细胞总数的4%～6%。

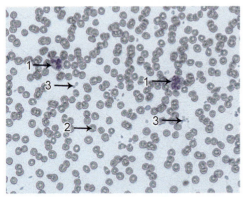 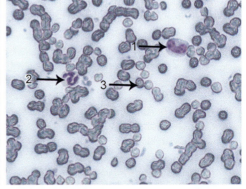

图4-4　麋鹿血涂片吉姆萨染色
1：嗜碱性粒细胞；2：红细胞；3：血小板
Fig 4-4　Blood smear of milu Giemsa staining
1: basophilic granulocyte; 2: erythrocyte; 3: blood platelet

图4-5　麋鹿血涂片吉姆萨染色
1：单核细胞；2：中性粒细胞；3：红细胞
Fig 4-5　Blood smear of milu Giemsa staining
1: monocyte; 2: neutrophilic granulocyte; 3: erythrocyte

单核细胞具有活跃的变形运动、明显的趋化性以及吞噬和杀菌作用，是巨噬细胞的前身。单核细胞从骨髓进入血液循环，在血液中停留几天后，穿出毛细血管壁进入组织和体腔，分化为巨噬细胞。在体内不同组织内部，单核细胞成为形态和功能不同的细胞，比如肝脏内的肝巨噬细胞（又称库普弗细胞）、神经组织的小胶质细胞、肺脏内的尘细胞等。

5. 淋巴细胞

淋巴细胞（lymphocyte）呈球形，麋鹿淋巴细胞是白细胞中数量仅次于中性粒细胞的一种，正常数量为（1.32±0.35）×10^9/L，占白细胞总数的 17% ～ 47%。在常规染色血涂片中，淋巴细胞呈圆形或椭圆形，大小不等（图 4-6）。依据其大小可分为小淋巴细胞、中淋巴细胞和大淋巴细胞 3 种类型。小淋巴细胞比红细胞略大，细胞核呈圆形，一侧常有小凹陷，

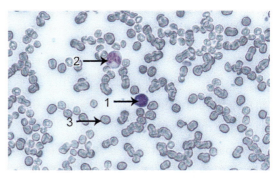

图 4-6　麋鹿血涂片吉姆萨染色
1：淋巴细胞；2：单核细胞；3：红细胞
Fig 4-6　Blood smear of milu Giemsa staining
1: lymphocyte; 2: monocyte; 3: erythrocyte

细胞核占细胞的大部分，染色质致密且呈块状，着色深。细胞质很少，染成淡蓝色。

三、血小板

血小板（blood platelet）是从骨髓内巨核细胞上脱落下来的胞质小片，呈

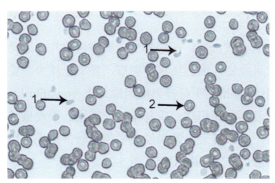

图 4-7　麋鹿血涂片吉姆萨染色
1：血小板；2：红细胞
Fig 4-7　Blood smear of milu Giemsa staining
1: blood platelet; 2: erythrocyte

两面微凸的圆盘状（图 4-7）。表面有完整的细胞膜，内部无细胞核，细胞质中有细胞器，正常数量为（1.26 ～ 2.04）×10^{11}/L。在常规染色血涂片中，血小板呈圆形、椭圆形或多角形，常看不清单个血小板的明显轮廓。血小板在止血和凝血过程中起着重要作用。

本章撰写人员：钟震宇、单云芳

第五章

肌 组 织

肌组织（muscle tissue）主要由具有收缩功能的肌细胞（muscle cell）组成，肌细胞之间有少量的结缔组织、血管和神经。肌细胞呈细而长的纤维状，又称肌纤维（muscle fiber）。肌细胞的细胞膜称肌膜（sarcolemma），细胞质称肌质（sarcoplasm）。肌组织可分骨骼肌、心肌和平滑肌 3 种类型。其中骨骼肌和心肌的肌纤维在显微镜下均有明暗相间的横向条纹，故又称横纹肌，而平滑肌无横纹。

一、骨骼肌

骨骼肌（skeletal muscle）因大多附着在骨骼上而得名，由大量平行成束状排列的骨骼肌细胞（skeletal muscle cell）和少量结缔组织构成。骨骼肌收缩有力，其活动既受神经支配，又受意识的控制，所以又称随意肌。

（一）骨骼肌纤维的一般结构

单个骨骼肌纤维是细长呈圆柱形的多核细胞，长短不一，细胞内有几十个乃至几百个细胞核，位于细胞周围靠近肌膜处，细胞核呈椭圆形，异染色质少，染色较浅，核仁明显。肌质内含有许多沿细胞长轴平行排列的肌原纤维（myofibril），肌原纤维很细。在肌纤维纵切面上，可见明暗相间、重复排列的横纹，银浸染色也可清晰显示骨骼肌细胞的微细结构。肌原纤维上的横纹由明带和暗带组成，明带（light band）又称 I 带，暗带（dark band）又称 A 带（图 5-1）。

（二）骨骼肌的结构

包在整块肌肉外面的致密结缔组织称为肌外膜（epimysium），肌外膜伸入肌肉内，把肌纤维分成大小不等的肌束，包在肌束表面的致密结缔组织称为肌束膜

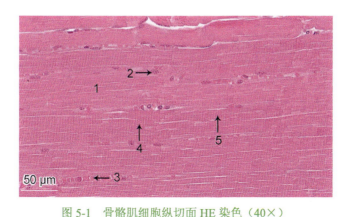

图 5-1　骨骼肌细胞纵切面 HE 染色（40×）

1：骨骼肌细胞；2：骨骼肌细胞核；3：毛细血管；4：暗带；5：明带

Fig 5-1　Longitudinal section of skeletal muscle cell HE staining (40×)

1: skeletal muscle cell; 2: skeletal muscle cell nucleus; 3: capillary; 4: dark band; 5: light band

（perimysium）；每条肌纤维外包的疏松结缔组织称为肌内膜（endomysium），内含丰富的血管和神经纤维束。大部分骨骼肌借肌腱附着于骨骼上，肌腱的胶原纤维深入肌肉中，附着在肌纤维表面的基膜上。

二、心肌

心肌（cardiac muscle）分布于心壁，收缩力强劲而有节律。心肌不受意识支配，属不随意肌。心肌纤维的纵切面有明暗相间的横纹，心肌也属于横纹肌。心肌纤维呈短柱状。每条心肌纤维有一个细胞核，核呈椭圆形，染色较浅，位于细胞的中央，偶见双核。细胞核的周边肌质较多。心肌纤维有分支，相邻心肌纤维分支互相连接成网，连接处称为闰盘（intercalated disk），它是相邻的心肌细胞之间特化的连接结构。在 HE 染色的标本中，闰盘呈深红色的横线（图 5-2）。

在心肌的横切面上，细胞大小不等、形状各异，细胞核周围含肌质较多而呈淡染区，有的切面不含细胞核。心房肌纤维与心室肌纤维的结构基本相似，心房肌纤维细而短且无分支，而心室肌纤维粗且长，有分支。此外，心房肌细胞除收缩功能外，尚有内分泌功能。

三、平滑肌

平滑肌（smooth muscle）由成层或成束的平滑肌细胞构成，排列整齐。其

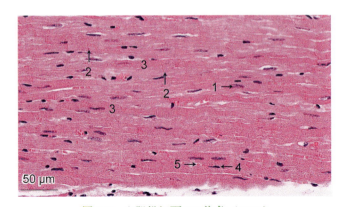

图 5-2　心肌纵切面 HE 染色（40×）

1：心肌细胞核；2：闰盘；3：心肌细胞；4：内皮细胞；5：毛细血管

Fig 5-2　Longitudinal section of cardiac muscle HE staining (40×)

1: myocardial nucleus; 2: intercalated disk; 3: cardiomyocyte; 4: endothelial cell; 5: capillary

主要分布于内脏器官如消化管、呼吸道和泌尿生殖道以及血管壁。此外，皮肤的竖毛肌、眼的瞳孔括约肌以及睫状肌等也为平滑肌。平滑肌纤维收缩启动较缓慢，不受意识支配，属于不随意肌。

　　平滑肌细胞（smooth muscle cell）呈长梭形，中间稍粗，两端尖细，无横纹（图 5-3）。其只有一个细胞核，细胞核呈长椭圆形或棒状，位于细胞中央，核的形状可随肌纤维的收缩而扭曲成螺旋状。平滑肌细胞长短不一。平滑肌横切面呈大小不等的圆形，细胞中部的切面较大，中央有圆形着色较深的细胞核；而细胞其他部位的切面较小，无细胞核，细胞质弱嗜酸性，呈淡红色（图 5-4）。

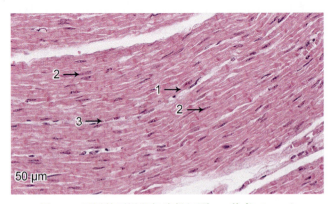

图 5-3　网胃的平滑肌细胞纵切面 HE 染色（40×）

1：平滑肌细胞；2：细胞核；3：毛细血管

Fig 5-3　Longitudinal section of smooth muscle cell of reticulum HE staining (40×)

1: smooth muscle cell; 2: nucleus; 3: capillary

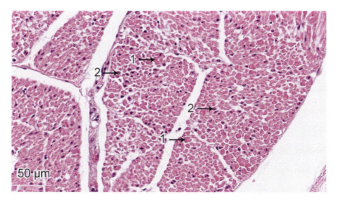

图 5-4　网胃的平滑肌细胞横切面 HE 染色（40×）

1：平滑肌细胞；2：细胞核

Fig 5-4　Transverse section of smooth muscle cell of reticulum HE staining (40×)

1: smooth muscle cell; 2: nucleus

　　麋鹿内脏器官或血管壁的平滑肌细胞，紧密排列成层或成束，肌细胞按同一方向排列，细胞之间互相交错。

本章撰写人员：钟震宇、程志斌

第六章

神 经 组 织

神经组织（nervous tissue）由神经细胞（nerve cell）和神经胶质细胞（neuroglial cell）组成。神经细胞又称神经元（neuron），是神经系统结构和功能的基本单位，它具有接受内、外环境的刺激和传导神经冲动的功能。各神经元之间以突触彼此联系，形成复杂的神经通路和神经网络（neural network），完成神经系统的各种功能。有的神经细胞具有分泌功能。神经胶质细胞也称神经胶质（neuroglia），数量比神经细胞多，遍布在神经细胞周围及其突起之间，无传导信息的功能，对神经元起支持、营养、保护以及参与神经组织的再生等作用。

一、神经元

神经元具有多种形态，大小不等，通常都由胞体和突起两部分构成。

（一）神经元的构造和分类

1. 多极神经元的构造

多极神经元的构造由胞体（soma）、突起（neurite）和终末 3 部分构成，突起又分为树突（dendrite）和轴突（axon）。

1）胞体

胞体是神经元功能活动的中心，由细胞核和周围的细胞质构成。神经细胞胞体大小差异甚大，最小的是小脑颗粒细胞，最大的是大脑皮质的大锥体细胞（图 6-1）。大多数神经元只有一个细胞核，大而圆，位于胞体中央，少数神经元有两个核，着色浅，常见一个大而圆的核仁，也有 2 ～ 3 个的。细胞核周围的细胞质称为核周质（perikaryon），含有丰富的尼氏体（Nissl body），在光镜下呈嗜碱性的粗颗粒。尼氏体是神经元结构的特征之一，其主要功能是合成蛋白质。

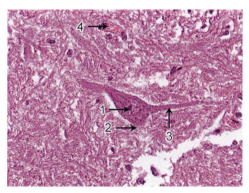

图 6-1　脊髓的多极神经元 HE 染色（40×）

1：细胞核和核仁；2：轴突；3：树突；4：血管

Fig 6-1　Multipolar neuron of spinal cord HE staining (40×)

1: nucleus and nucleolus; 2: axon; 3: dendrite; 4: blood vessel

2）树突

神经元可有 1 个或多个树突，其一般比较短，呈树枝状分支，故称树突。其自胞体发出后反复分支逐渐变细。通常树突的分支上有许多棘状或者小芽状、长短不一的突起，称为树突棘（dendritic spine），树突棘是形成突触的主要部位。树突内细胞质的结构与核周质基本相同，也含有尼氏体、内质网、神经原纤维等。树突的细胞膜上有许多受体，主要作用是接受刺激并传给胞体。

3）轴突

每个神经元都有一个长短不一的轴突，是神经元传递兴奋的重要结构。轴突细长，直径均匀，表面光滑无棘，分支少，通常是在距胞体较远或近终末处才有分支，内部结构无尼氏体。胞体发出轴突的部位常呈圆锥形隆起，称为轴丘（axon hillock），是个无尼氏体（嗜染质）的淡染区，据此可与树突鉴别。轴突的主要功能是将神经冲动传出胞体，至与其接触的其他神经元或效应器。

2. 神经元的分类

（1）根据神经元在反射弧中的功能、传导冲动的方向，分为传入神经元（afferent neuron）或称感觉神经元（sensory neuron）、传出神经元（efferent neuron）或称运动神经元（motor neuron）、中间神经元（interneuron）或称联络神经元（association neuron）。

（2）根据神经元突起的数目，分为多极神经元（multipolar neuron）、双极神经元（bipolar neuron）和假单极神经元（pseudounipolar neuron）（图 6-2）。

（3）根据神经元所释放的神经递质（neurotransmitter）或神经调质（neuromodulator）的不同，可把神经元分为胆碱能神经元（cholinergic neuron）、肾上腺素能神经元（adrenergic neuron）、氨基酸能神经元（amino acidergic neuron）和肽能神经元（peptidergic neuron）等。

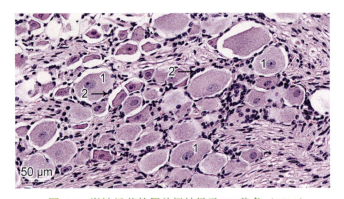

图 6-2 脊神经节的假单极神经元 HE 染色（40×）
1：假单极神经元；2：卫星细胞
Fig 6-2 Pseudounipolar neuron of spinal ganglion HE staining (40×)
1: pseudounipolar neuron; 2: satellite cell

（二）神经和神经纤维

1. 神经

神经（nerve）由大量平行排列的神经纤维集合，与结缔组织、毛细血管和毛细淋巴管共同构成，存在于全身各器官或者组织。每条神经纤维外面的结缔组织为神经内膜（endoneurium），多个神经纤维集合成束，包绕在神经纤维束外面的结缔组织为神经束膜（perineurium），许多粗细不等的神经束聚合成一根神经，外面包被的结缔组织为神经外膜（epineurium）（图 6-3）。

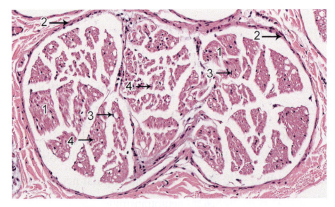

图 6-3 坐骨神经 HE 染色（20×）
1：有髓神经纤维纵切面；2：神经外膜；3：施万细胞核；4：有髓神经纤维横切面
Fig 6-3 Sciatic nerve HE staining (20×)
1: longitudinal section of myelinated nerve fiber; 2: epineurium; 3: nucleus of Schwann cell; 4: transverse section of myelinated nerve fiber

2. 神经纤维

神经纤维（nerve fiber）是由神经元的长突起和包在其外面的神经胶质细胞构成的。少突胶质细胞是构成中枢神经纤维的神经胶质细胞，施万细胞是构成周围神经纤维的神经胶质细胞（图 6-4，图 6-5）。根据包裹神经纤维的胶质细胞是否形成髓鞘（myelin sheath），将神经纤维分为有髓神经纤维（myelinated nerve fiber）和无髓神经纤维（unmyelinated nerve fiber）两大类。

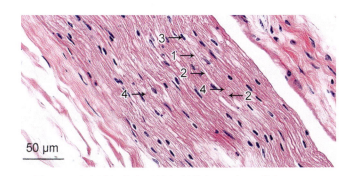

图 6-4　迷走神经的有髓神经纤维纵切面 HE 染色（40×）

1：轴突；2：髓鞘；3：施万细胞核；4：郎飞结

Fig 6-4　Longitudinal section of myelinated nerve fiber of vagus nerve HE staining (40×)

1: axon; 2: myelin sheath; 3: nucleus of schwann cell; 4: Ranvier node

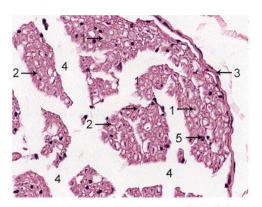

图 6-5　坐骨神经的有髓神经纤维横切面 HE 染色（40×）

1：轴突横切面；2：髓鞘；3：神经膜；4：人为裂隙；5：施万细胞

Fig 6-5　Transverse section of myelinated nerve fiber of sciatic nerve HE staining (40×)

1: transverse section of axon; 2: myelin sheath; 3: neurilemma; 4: artificial fissure; 5: Schwann cell

1）有髓神经纤维

有髓神经纤维数量较多，中枢神经系统白质内的神经纤维和周围神经系统的神经纤维多数是有髓神经纤维。在光镜下，有髓神经纤维的中心为神经元的轴突或者长树突，统称为轴索，髓鞘紧贴轴索表面。髓鞘的主要成分是髓磷脂，在HE 染色时被脂溶剂溶去而呈空泡状，而存留的蛋白质常呈细丝状连成网。周围神经系统有髓神经纤维的髓鞘的施万细胞分段连续包绕轴索，每节段称为结间体（internode），相邻的结间体间有一无髓鞘的狭窄处，称为神经纤维结（node of nerve fiber），又称郎飞结（Ranvier node）。所以光镜下，麋鹿的有髓神经纤维是由许多结间体和郎飞结等构成的。轴突越粗，髓鞘越厚，结间体也越长。在神经纤维的纵切面上，可见髓鞘内有一些不着色的漏斗形的裂隙，称为髓鞘切迹（myelin incisure）或施 - 兰切迹（Schmidt-Lantermann incisure），内含施万细胞的细胞质。

中枢神经系统内的有髓神经纤维，髓鞘由少突胶质细胞的突起末端呈扁平薄膜包卷轴突而成。一个少突胶质细胞有多个突起，可以分别包卷多个轴突，各自形成髓鞘。此外，中枢神经有髓神经纤维的外表面没有基膜，髓鞘内不形成施 - 兰切迹。

2）无髓神经纤维

周围神经系统的无髓神经纤维由较细的轴突和包在它外面的施万细胞构成，无髓神经纤维较细。一个施万细胞可包裹许多个轴突，但膜不形成髓鞘，也无郎飞结。

（三）神经末梢

神经末梢（nerve ending）是周围神经纤维的终末部分，在终止于全身各种组织时，往往形成各式各样的特殊结构。根据神经末梢的功能可分感觉神经末梢（sensory nerve ending）和运动神经末梢（motor nerve ending）。感觉神经末梢及其附属结构称为感受器（receptor），分布于肌组织和腺体内的运动神经末梢与其他组织共同组成的运动调控结构称为效应器（effector）。

1. 感觉神经末梢

感觉神经末梢由感觉神经元（假单极神经元）周围突的终末部分，与其他结构共同形成感受器，接受来自内、外环境的各种刺激，并将刺激转变为神经冲动，经过传入神经传至中枢。感觉神经末梢按结构不同，可分为游离神经末梢和有被囊神经末梢两种。

1）游离神经末梢（free never ending）

较细的有髓或无髓神经纤维的终末反复分支，在失去髓鞘后裸露的轴突终末形成游离神经末梢，可感受冷、热、轻触和疼痛等刺激。

2）有被囊神经末梢（encapsulated nerve ending）

这类神经终末包有由结缔组织组成的被囊。其样式很多，大小不一，常见的有触觉小体、环层小体和肌梭等。

a）触觉小体

触觉小体（tactile corpuscle）又称迈斯纳小体（Meissner corpuscle），分布于皮肤的真皮乳头内，感受触觉（图6-6）。触觉小体呈卵圆形，长轴与皮肤表面垂直，小体外层为结缔组织包囊，囊内有许多横形排列的扁平细胞。有髓神经纤维进入触觉小体后，失去髓鞘的轴突分成细支，盘绕在扁平的细胞间。

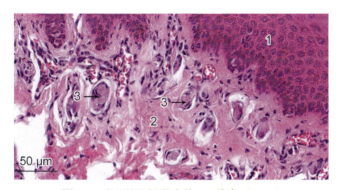

图 6-6　鼻唇镜的触觉小体 HE 染色（40×）

1: 棘层；2: 真皮；3: 触觉小体

Fig 6-6　Meissner corpuscle of nasolabial plate HE staining (40×)

1: stratum spinosum; 2: dermis; 3: Meissner corpuscle

b）环层小体

环层小体（lamellar corpuscle）又称帕奇尼小体（Pacinian corpuscle）。其体积较大，球形或卵球形，广泛分布于皮下组织、肠系膜、骨膜、韧带、关节囊等处，主要功能是感受压力觉、张力觉和振动觉。小体的外周是由数十层疏松排列成同心圆的扁平细胞构成的被囊，中央有一条均质状的圆柱体。有髓神经纤维进入被囊时失去髓鞘，裸露的轴突进入圆柱体内。

c）肌梭

肌梭（muscle spindle）是由结缔组织包裹数条细肌纤维组成的一种梭形结构，位于骨骼肌内。肌梭内特殊分化的细骨骼肌纤维称为梭内肌纤维（intrafusal muscle fiber），外包结缔组织为被囊。梭内肌纤维有的细胞核集中于肌纤维的中部，使中部膨大，也有的肌纤维的细胞核排列成串。进入肌梭的感觉神经纤维失去髓鞘，轴突分成细支状包绕肌梭内肌纤维两端。肌梭是一种本体感受器，主要是感受肌纤维的伸缩变化。

2. 运动神经末梢

运动神经末梢是运动神经元的轴突分布到肌肉和腺体等的终末结构，支配肌肉收缩和腺体分泌。常见的运动神经末梢分为躯体运动神经末梢和内脏运动神经末梢两种。

1）躯体运动神经末梢

躯体运动神经末梢（somatic motor nerve ending）分布于骨骼肌。有髓神经纤维到达骨骼肌之前，髓鞘消失，其轴突反复分支，每个分支的终末呈斑块膨大，附着在一条骨骼肌纤维上并建立突触连接，连接区域称为运动终板（motor end plate）或神经肌肉接头（neuromuscular junction）。一条神经纤维及其分支可支配多条骨骼肌纤维。

2）内脏运动神经末梢

内脏运动神经末梢（visceral motor nerve ending）是植物性神经节后纤维的末梢，分布于内脏器官、血管平滑肌、心肌和腺上皮等处。这类神经纤维较细，无髓鞘，其轴突反复分支，神经末梢终末常呈串球样膨体（varicosity），是与效应器细胞建立突触的部位。

二、神经胶质细胞

神经胶质细胞（neuroglial cell）简称胶质细胞，分布在神经元之间，其数量远比神经元多，体积比神经元小，不能传导冲动。神经胶质细胞有多种，各具有不同的形态结构特点，细胞质缺乏嗜染质，HE 染色只能显示其细胞核，不能分类显示，采用金属浸染法或免疫细胞化学方法能观察到细胞的全貌。

（一）中枢神经系统的神经胶质细胞

中枢神经系统的神经胶质细胞有星形胶质细胞、少突胶质细胞、小胶质细胞、室管膜细胞和脉络丛上皮细胞等。

1. 星形胶质细胞

星形胶质细胞（astrocyte）是胶质细胞中体积最大、数量最多的一种，胞体呈星形，细胞核大，呈圆形或卵圆形，染色较浅。细胞质中除含一般细胞器外，还含有许多微细的交错排列的原纤维，称胶质丝（glial filament）。根据胶质丝的含量和细胞突起的形状，星形胶质细胞可分纤维性星形胶质细胞和原浆性星形胶质细胞两种，可用银浸染色法显示。

1）纤维性星形胶质细胞

纤维性星形胶质细胞（fibrous astrocyte）的细胞质中含较多胶质丝，突起细长而直，表面光滑，分支较少，突起的末端膨大形成脚板（foot plate）或称终足（end foot），贴附在邻近的毛细血管壁上，并参与形成血 - 脑屏障。纤维性星形胶质细胞多分布于脑和脊髓的白质中。

2）原浆性星形胶质细胞

原浆性星形胶质细胞（protoplasmic astrocyte）的细胞质很丰富，而细胞质中含胶质丝较少，突起短粗，表面粗糙，分支较多，突起的末端也膨大形成脚板，附着在附近的血管壁上，并参与形成血 - 脑屏障。原浆性星形胶质细胞多分布于脑和脊髓的灰质中。

2. 少突胶质细胞

少突胶质细胞（oligodendrocyte）较小，细胞核圆，染色较深，细胞质内有很少胶质丝。用银浸染色法可显示脑组织中的少突胶质细胞。突起的末端扩展成扁平的宽叶状，包绕神经元的轴突形成有髓神经纤维的髓鞘。

3. 小胶质细胞

小胶质细胞（microglia）是最小的一种胶质细胞，胞体细长，HE 染色时细胞核小，扁平或三角形，染色深，细胞质很少。小胶质细胞主要分布在灰质中，白质中也可见。小胶质细胞有较强的吞噬能力，在中枢神经系统损伤时，可转变为巨噬细胞，吞噬细胞碎屑及退化变性的髓鞘。

4. 室管膜细胞

室管膜细胞（ependymal cell）是一层立方体或柱状的上皮样细胞，衬于脑室和脊髓中央管的腔面，形成室管膜（ependyma）。室管膜细胞的游离面有许多微绒毛，有的有纤毛，细胞核呈卵圆形。室管膜细胞有分泌脑脊液的作用。

（二）周围神经系统的神经胶质细胞

周围神经系统的神经胶质细胞有神经膜细胞和卫星细胞。神经膜细胞

（neurilemmal cell）又称施万细胞（Schwann cell），其作用是形成周围神经系统的髓鞘。卫星细胞（satellite cell）位于神经节内，是在神经节内神经元胞体周围的一层扁平细胞，又称为被囊细胞（capsular cell）。在光镜下细胞的细胞质不明显，细胞核圆形或椭圆形，染色较深。在脊神经节卫星细胞几乎完全包裹节细胞的胞体。

本章撰写人员：钟震宇、郭青云

第七章

中枢神经系统

中枢神经系统由脊髓（spinal cord）和脑（encephalon）组成。脊髓位于脊柱的椎管内，脑位于颅腔内，（包括延髓、脑桥、小脑、中脑、间脑和大脑）。

一、脊髓

脊髓（spinal cord）横切面呈椭圆形，由灰质（gray matter）和白质（white matter）构成。灰质位于脊髓的中央，含许多神经细胞团，在新鲜标本的切面上呈灰色蝴蝶形。白质位于灰质周围，内含密集的有髓神经纤维，呈亮白色。脊髓中央管穿行于脊髓中心，背侧中央有背正中隔（dorsal median septum），腹侧正中有裂缝称为腹侧正中裂（ventral median fissure）。脊髓的功能主要为传导功能和反射功能两方面。

（一）灰质

脊髓灰质在横切面上呈蝴蝶形或"H"形，两侧部向腹、背延展，分别形成腹角（ventral horn）和背角（dorsal angle）（图 7-1，图 7-2）。腹角、背角之间为中间带（intermediate zone），在胸腰段脊髓外侧形成侧角。

1.腹角

腹角较粗短，主要由 α、γ 两种运动神经元和许多中间神经元构成，轴突细长，还有少量无髓神经纤维和有髓神经纤维，其间含有丰富的血管

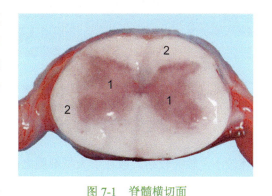

图 7-1　脊髓横切面
1：灰质；2：白质
Fig7-1　Transverse section of spinal cord
1: gray matter; 2: white matter

（图 7-3）。α 运动神经元（alpha motor neuron）的胞体较大,胞体中有大的细胞核,尼氏体粗大呈块状,轴突长,是大型多极神经细胞（图 7-4）。γ 运动神经元的胞

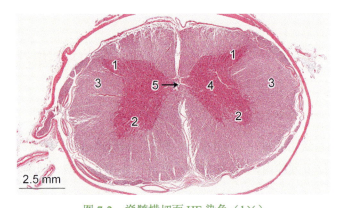

图 7-2　脊髓横切面 HE 染色（1×）

1：背角；2：腹角；3：白质；4：灰质；5：中央管

Fig7-2　Transverse section of spinal cord HE staining（1×）

1: dorsal horn; 2: ventral horn; 3: white matter; 4: gray matter; 5: central canal

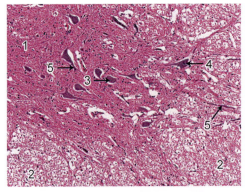

图 7-3　脊髓腹角 HE 染色（10×）

1：灰质；2：白质；3：神经元胞体；4：细胞核；5：树突

Fig7-3　Ventral horn of spinal cord HE staining（10×）

1: gray matter; 2: white matter; 3: soma; 4: nucleus; 5: dendrite

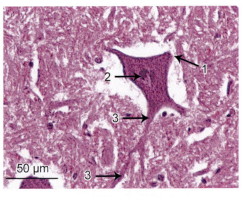

图 7-4　α 运动神经元 HE 染色（40×）

1：轴突；2：细胞核；3：树突

Fig7-4　Alpha motor neuron HE staining（40×）

1: axon; 2: nucleus; 3: dendrite

体较小，轴突较细，散在于大型细胞之间。

2. 背角

背角较细，其细胞一般较小，属于感觉核群，接受从脊神经背根传入的感觉冲动（图 7-5）。其中主要核群有如下几种。

1）边缘核

边缘核（marginal nucleus）位于背角尖部，为一薄层灰质，由大、中、小三型神经细胞组成，其中大型细胞较少，多为梭形。

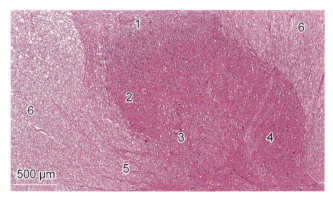

图 7-5　脊髓背角 HE 染色（5×）

1：边缘核；2：胶状质；3：背角固有核；4：胸核；5：网状结构；6：白质

Fig7-5　Dorsal horn of spinal cord1 HE staining (5×)

1: marginal nucleus; 2: substantia gelatinosa; 3: nucleus proprius of posterior horn; 4: thoracic nucleus;
5: reticular formation; 6: white matter

2）胶状质

胶状质（substantia gelatinosa）位于边缘腹侧，由大量密集的小卵圆形细胞、多角形细胞及少量神经纤维组成，细胞质内尼氏体较少。

3）背角固有核

背角固有核（nucleus proprius of posterior horn）位于胶状质腹侧，由中等大小的梭形细胞及少量大的多角形细胞组成。

4）胸核

胸核（thoracic nucleus）位于背角基底部内侧区，含较大的多极或圆形细胞，细胞质内的尼氏体较粗大。

5）网状结构

网状结构（reticular formation）在腹角和背角之间，小部分灰质伸入白质内，被纵行神经纤维束穿行，相互混杂交织，形成网状结构。

3. 中间带

中间带分中间带内侧核和中间带外侧核，中间带内侧核（intermediomedial nucleus）位于脊髓中央管外侧，含有内脏运动神经元，接受内脏传入纤维。中间带外侧核（intermediolateral nucleus）位于中间带外侧，在胸椎和腰椎段脊髓中的侧角内。中间带外侧核由中等大的多极神经细胞组成，呈星形或三角形。

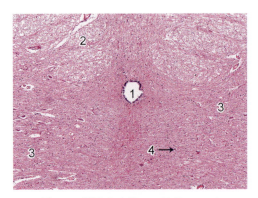

图 7-6　脊髓中央管 HE 染色（5×）
1：中央管；2：白质；3：灰质；4：多极神经元
Fig7-6　Central canal of spinal cord HE staining
(5×)
1: central canal; 2: white matter; 3: gray matter;
4: multipolar neuron

4. 脊髓中央管

脊髓中央管（central canal of spinal cord）位于脊髓中央（图 7-6），内含脑脊液。管壁上衬以室管膜上皮，为一层紧密排列的高柱状细胞（图 7-7）。

（二）白质

白质位于灰质周围，主要由上、下行神经纤维束组成，纤维粗细不一，多为有髓神经纤维。白质被灰质分为背索、腹索和外侧索 3 部分。背索（dorsal funiculus）位于左、右背角之间。腹索（ventral funiculus）位于左、右腹角之间。外侧索（lateral funiculus）位于背角与腹角之间。

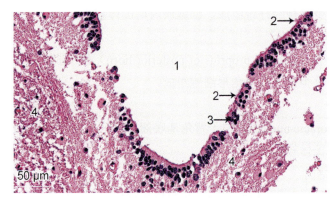

图 7-7　脊髓中央管 HE 染色（40×）
1：中央管；2：纤毛；3：室管膜细胞；4：灰质
Fig7-7　Central canal of spinal cord HE staining (40×)
1: central canal; 2: cilium; 3: ependymal cell; 4: gray matter

二、脑

脑（encephalon）从后向前包括延髓、脑桥、小脑、中脑、间脑和大脑。通常把中脑、脑桥和延髓合称脑干。延髓（medulla oblongata）位于脑干的最下部，呈倒置的梨形体，上接脑桥，下连脊髓。延髓下部结构与脊髓相似，而上部结构变化较大，这主要与脊髓中央管敞开形成第四脑室底下半部，以及出现锥体交叉、内侧丘系交叉、薄束核和楔束核等有关。

(一) 小脑

小脑（cerebellum）位于颅后窝，表面有许多横沟，分成许多叶片，每个叶片均由灰质和白质构成。灰质位于表层，称为小脑皮质（cerebellar cortex），白质位于深层，称为小脑髓质（cerebellar medulla）。小脑是躯体运动的重要调节中枢，并对维持体位平衡有着重要作用。

1. 小脑皮质

小脑各叶皮质的构造基本相同，由表及里为分子层、浦肯野细胞层和颗粒层（图7-8）。皮质内含有星形细胞、篮状细胞、浦肯野细胞、颗粒细胞和高尔基细胞5种神经元。

1）分子层

分子层（molecular layer）为最外层，此层最厚，含有大量神经纤维，细胞则较少，主要有星形细胞（stellate cell）和篮状细胞（basket cell）两种。星形细胞为小型多突星形细胞，胞体较小，分布于分子层浅层；篮状细胞位于深

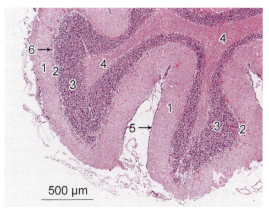

图 7-8　小脑 HE 染色（5×）

1：分子层；2：小脑皮质；3：颗粒层；4：髓质；5：软脑膜；6：浦肯野细胞层

Fig7-8　Cerebellum HE staining（5×）

1: molecular layer; 2: cerebellar cortex; 3: granular layer;
4: medulla; 5: cerebral pia mater; 6: Purkinje cell layer

层，胞体较大，呈星形或多角形，核染色质少，尼氏体呈颗粒状。

2）浦肯野细胞层

浦肯野细胞层（Purkinje cell layer）为中间层，由一层排列的浦肯野细胞胞体组成（图7-9）。浦肯野细胞（Purkinje cell）是小脑皮质中最大的神经元，胞体呈梨形，细胞质内有许多大小不等的尼氏体。细胞的尖端发出2～3条粗大主树突伸向分子层表面，树突分支多。

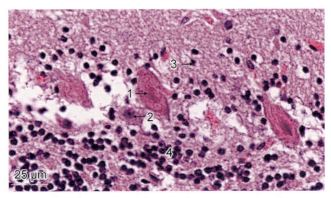

图 7-9　小脑 HE 染色（80×）
1：浦肯野细胞；2：高尔基细胞；3：篮状细胞；4：颗粒细胞
Fig7-9　Cerebellum HE staining（80×）
1: Purkinje cell; 2: Golgi cell; 3: basket cell; 4: granular cell

3）颗粒层

颗粒层（granular layer）为最内层，内含紧密排列的颗粒细胞和高尔基细胞。颗粒细胞（granular cell）很小，外形像小淋巴细胞，细胞核大，呈圆形或椭圆形，着色很深，细胞质很少，只有一薄层。高尔基细胞（Golgi cell）位于此层的浅层，胞体较大，有粗大的尼氏体，分支较多，大部分伸入分子层。HE 染色时，颗粒层内可见一些呈弱嗜酸性的红色的小团块状结构，称为小脑小球（cerebellar glomerulus）。

2. 小脑髓质

小脑皮质深部为小脑髓质，由大量进、出于小脑的神经纤维和少量分散的神经胶质细胞构成，深入各叶片（图 7-10）。

（二）大脑

大脑（cerebrum）由左、右大脑半球构成，中间由胼胝体相连。每一半球由灰质和白质构成。灰质（gray matter）位于表面，又称大脑皮质（cerebral cortex），主要由神经元的胞体和树突构成。白质（white matter）位于深层，又称大脑髓质（cerebral medullary substance），由大量的有髓神经纤维构成。大脑是管理感觉、运动等高级神经活动的中枢。

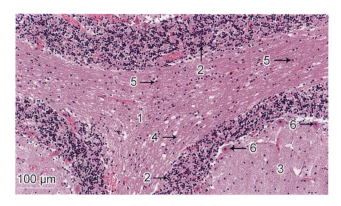

图 7-10　小脑髓质 HE 染色（20×）
1：髓质；2：颗粒细胞；3：皮质；4：有髓神经纤维；5：神经胶质细胞；6：浦肯野细胞
Fig7-10　Cerebellar medulla HE staining (20×)
1: medulla; 2: granular layer; 3: molecular layer; 4: myelinated nerve fiber; 5: neuroglialcell; 6: Purkinje cell

1. 大脑皮质

大脑皮质由大量神经元和神经纤维构成，并含有许多神经胶质细胞和血管。大脑皮质的神经元数量庞大，形态不一，细胞分布具有分层特征，皮质内的神经细胞主要有锥体细胞、颗粒细胞和梭形细胞等。

1）大脑皮质的神经元

a）锥体细胞

锥体细胞（pyramidal cell）数量较多，胞体呈锥形或三角形，是大脑皮质特有的神经细胞。胞体大小不一，含大而圆的细胞核，染色浅，细胞质内含丰富的尼氏体。锥体细胞根据胞体大小一般分为大、中、小 3 型。从胞体的顶端发出一个较粗的顶树突，伸向脑表面。锥体细胞的轴突较细，长短不一，从细胞基部发出垂直下行至白质（图 7-11）。

b）颗粒细胞

颗粒细胞（granular cell）胞体较小，呈颗粒状，树突和轴突均短。颗粒细胞数量最多，较密集于外颗粒层和内颗粒层。细胞核深染而细胞质少。颗粒细胞种类较多，主要有星形细胞、篮状细胞和水平细胞等。

c）梭形细胞

梭形细胞（fusiform cell）数量较少，胞体呈梭形，树突从胞体上下两端发出，分别垂直上行进入分子层和下行进入皮质深层，轴突较短，一般不离开其所在皮质区。有的梭形细胞较大，轴突较长。

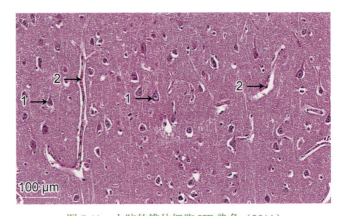

图 7-11　大脑的锥体细胞 HE 染色（20×）
1：锥体细胞；2：血管
Fig7-11　Pyramidal cell of cerebrum HE staining (20×)
1: pyramidal cell; 2: blood vessel

2）大脑皮质的分层

在 HE 染色切片标本中，大脑皮质神经元胞体的排列具有层次性，各层细胞在大小、类型、密度和排列上都不相同。在大脑的新皮质（neocortex）区一般可以分为 6 层，由表入里用罗马数字标记，依次为分子层、外颗粒层、外锥体细胞层、内颗粒层、内锥体细胞层和多形细胞层（图 7-12）。

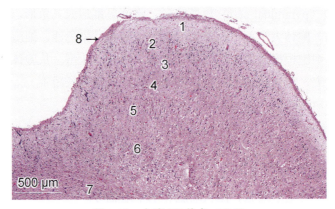

图 7-12　大脑 HE 染色（5×）
1：分子层；2：外颗粒层；3：外锥体细胞层；4：内颗粒层；5：内锥体细胞层；6：多形细胞层；
7：大脑髓质（白质）；8：软脑膜
Fig7-12　Cerebrum HE staining (5×)
1: molecular layer; 2: external granular layer; 3: external pyramidal layer; 4: internal granular layer; 5: internal pyramidal layer; 6: polymorphic layer; 7: cerebral medullary substance (white matter); 8: cerebral pia mater

a）分子层

分子层（molecular layer）的神经元小而少，主要是水平细胞和星形细胞。分子层含神经纤维则较多，它们主要是来自深层的锥体细胞和梭形细胞的树突。

b）外颗粒层

外颗粒层（external granular layer）主要由大量密集的星形细胞和少量的小锥体细胞组成。细胞排列紧密。

c）外锥体细胞层

外锥体细胞层（external pyramidal layer）主要由中、小型锥体细胞和星形细胞构成，又称锥体细胞层。该层较厚，细胞排列较疏松，锥体细胞的顶树突伸入分子层。

d）内颗粒层

内颗粒层（internal granular layer）主要由密集的星形细胞组成，还有少量的中型锥体细胞和篮状细胞。细胞排列紧密。

e）内锥体细胞层

内锥体细胞层（internal pyramidal layer）主要由中型和大型锥体细胞组成，并间杂有小型锥体细胞和星形细胞。

f）多形细胞层

多形细胞层（polymorphic layer）以梭形细胞为主，含细胞类型较多，还有星形细胞和小型锥体细胞等。

2. 大脑髓质

大脑髓质（cerebral medullary substance）位于皮质深部，由各类联系大脑皮质各部和皮质下结构的神经纤维构成，新鲜时切面呈白色，又称大脑白质（图 7-13）。大脑神经纤维联系十分复杂，可概括为 4 种，即皮质的传入纤维、传出纤维以及联络纤维与连合纤维等。

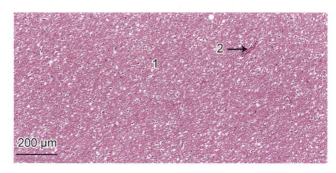

图 7-13　大脑髓质 HE 染色（10×）

1：神经纤维；2：血管

Fig 7-13　Cerebral medullary substance HE staining (10×)

1: nerve fiber; 2: blood vessel

本章撰写人员：钟震宇、郭青云

第八章
免 疫 系 统

免疫系统（immune system）由淋巴细胞、淋巴组织和淋巴器官等构成。淋巴细胞为机体免疫系统的重要成分，它们经淋巴和血液循环周游全身，使分散于全身各处的淋巴组织和淋巴器官连成一个关联的功能整体。免疫系统是机体重要的防御系统，具有免疫监视、防御、调控的作用。其功能主要有两个方面：能发现、识别和清除入侵体内的病原微生物等抗原性异物；监护动物机体的稳定性，能识别和清除体内自身变性的细胞（如肿瘤细胞、受病毒感染的细胞等）。如果机体免疫功能下降或失调，机体的抗病能力就会降低，从而引起感染性疾病、肿瘤或自身免疫性疾病。

一、淋巴细胞及抗原呈递细胞

（一）淋巴细胞

淋巴细胞（lymphocyte）是白细胞的一种，是体积最小的白细胞，在动物体内种类多、特异性强、分工细。淋巴细胞产生于淋巴器官，是由淋巴干细胞发育分化而来的，具有特异性、转化性和记忆性 3 个重要特性。

淋巴细胞数目庞大，包括许多功能不同的类群，根据淋巴细胞的发生、形态结构、表面标志和功能的不同，一般将淋巴细胞分为下列 4 种类型。

1. 胸腺依赖性淋巴细胞

胸腺依赖性淋巴细胞（thymus dependent lymphocyte）简称 T 细胞，在胸腺内发育、分化和成熟，是淋巴细胞中数量最多、功能最复杂的一类。细胞表面有特异性抗原受体，主要功能为介导细胞免疫（cell immunity）。

T 细胞体积小，细胞核大而圆，染色质呈致密块状；细胞质很少，含丰富游离核糖体、少量线粒体以及数个呈非特异性酯酶阳性的溶酶体。成熟的 T 细胞分布于外周免疫器官的胸腺依赖区。T 细胞有 3 个主要亚群：①辅助性 T 细胞（helper

T cell，Th 细胞），能识别抗原，分泌多种淋巴因子，辅助 T 细胞和 B 细胞产生免疫应答。②抑制性 T 细胞（suppressor T cell，Ts 细胞），能识别抗原，分泌抑制因子，可以减弱或抑制免疫应答，Ts 细胞数量通常会在免疫应答后期增多。③细胞毒性 T 细胞（cytotoxic T cell，Tc 细胞），与靶细胞结合后释放穿孔素（perforin），导致靶细胞膜损伤而杀伤靶细胞（如肿瘤细胞、受病毒感染的细胞等），是细胞免疫应答的主要成分。

2. 骨髓依赖性淋巴细胞

骨髓依赖性淋巴细胞（bone marrow-dependent lymphocyte）简称 B 细胞，在骨髓内发育、分化和成熟。B 细胞比 T 细胞略大，细胞质内溶酶体少，含少量粗面内质网，其表面标志有 B 细胞抗原受体（膜抗体）等。B 细胞受抗体刺激后，增殖分化为浆细胞，分泌大量抗体，介导体液免疫（humoral immunity）。

3. 杀伤淋巴细胞

杀伤淋巴细胞（killer lymphocyte）简称 K 细胞，在骨髓内发育、分化和成熟。K 细胞数量较少，体积较 T 细胞、B 细胞大，细胞表面没有特异性抗原受体，细胞质内含溶酶体和分泌颗粒。该细胞在抗体的介导下与靶细胞相结合，进而杀伤靶细胞。

4. 自然杀伤细胞

自然杀伤细胞（natural killer cell）简称 NK 细胞，在骨髓内发育、分化和成熟，数量亦较少，NK 细胞体积大，细胞核卵圆形，常染色质丰富，异染色质多位于核边缘，细胞质较多，含许多大小不等的嗜天青颗粒。NK 细胞表面无特异性抗原受体，不依赖抗体的协助，也不需抗原的刺激，能直接杀伤某些肿瘤细胞和受病毒感染的细胞。

（二）抗原呈递细胞

抗原呈递细胞（antigen presenting cell，APC）又称免疫辅佐细胞（accessory cell），是免疫应答初期重要的辅助细胞，是能捕获、加工、处理抗原，并将处理过的抗原呈递给淋巴细胞的一类免疫细胞。其主要包括巨噬细胞和树突状细胞（dendritic cell，DC）两大类，它们多属于单核吞噬细胞系统。此外，B 细胞、内皮细胞和朗格汉斯细胞等也有抗原呈递作用。

1. 巨噬细胞

巨噬细胞是一种重要的抗原呈递细胞，数量多，分布最广，在免疫应答中，多数抗原需经巨噬细胞摄取、加工、处理后，呈递给具有相应抗原受体的 T 细胞和 B 细胞，启动 T 细胞、B 细胞活化，激发免疫应答。

2. 树突状细胞

树突状细胞来源于骨髓造血干细胞。DC 捕获并处理抗原后，通过血液或淋巴迁移至周围淋巴器官的胸腺依赖区，把抗原呈递给 T 细胞，启动免疫应答。

二、淋巴组织

淋巴组织（lymphoid tissue）是一种以网状组织为支架，网孔内填充有大量淋巴细胞和一些其他免疫细胞的特殊组织。淋巴组织依其形态和功能，可分为下列两种。

（一）弥散淋巴组织

弥散淋巴组织（diffuse lymphoid tissue）的淋巴细胞呈弥散性分布，无固定形态，与周围组织无明显分界。此类淋巴组织中有的主要含 T 细胞，有的则以 B 细胞为主。弥散淋巴组织中常见毛细血管后微静脉（postcapillary venule），该静脉内皮细胞呈单层立方形，细胞核圆形，着色较浅，核仁明显，细胞质丰富。

（二）淋巴小结

淋巴小结（lymphoid nodule）又称淋巴滤泡，是主要含 B 细胞的密集淋巴组织，呈圆形或卵圆形，与周围组织界限清楚。功能活跃的淋巴小结，其中央部分有一淡染的区域，称为生发中心（germinal center），可见细胞分裂象。生发中心可分暗区和明区，暗区（dark zone）主要含大淋巴细胞，染色较深；明区（light zone）主要含中淋巴细胞，染色较淡。淋巴小结周围的细胞较小，密集，染色深，在明区的上方覆盖着由密集小淋巴细胞构成的小结帽（nodule cap）（图 8-1）。

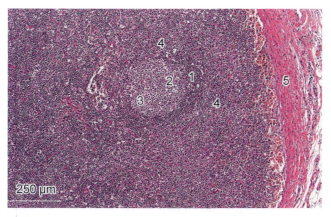

图 8-1　淋巴小结 HE 染色（10×）
1：小结帽；2：明区；3：暗区；4：边缘区；5：被膜
Fig 8-1　Lymphoid nodule HE staining (10×)
1: nodule cap; 2: light zone; 3: dark zone; 4: marginal area; 5: capsule

淋巴组织除上述两种主要形态外，还有一类淋巴组织排列呈条索状结构，称为淋巴索（lymphoid cord），如淋巴结的髓索、脾的脾索等。淋巴索可互相连接成网状，索内主要含有 B 细胞和浆细胞，以及巨噬细胞、肥大细胞和少量 T 细胞等。

淋巴组织除构成淋巴器官外，还广泛分布在消化道、呼吸道和泌尿生殖道的黏膜内，表现为弥散淋巴组织或聚集成淋巴小结，称为黏膜相关淋巴组织（mucosa-associated lymphoid tissue），参与构成机体的第一道防线，抵御外来病菌、异物的侵袭。

三、淋巴器官

淋巴器官（lymphoid organ）的主要构成成分是淋巴组织。根据其功能和淋巴细胞来源的不同可分为初级（中枢）淋巴器官（primary or central lymphoid organ）和次级（周围）淋巴器官（secondary or peripheral lymphoid organ）两类。中枢淋巴器官包括胸腺和骨髓，是培育和选择淋巴细胞的器官，其结构特点是以上皮性网状细胞（胸腺）或网状组织（骨髓）为支架，网眼内含有大量的淋巴细胞以及少量的巨噬细胞等；周围淋巴器官包括淋巴结、脾、血结和扁桃体等，其结构特点是以网状组织（网状细胞和网状纤维）为支架，网眼内也含大量的淋巴细胞以及较多的巨噬细胞和浆细胞等。

（一）胸腺

胸腺（thymus）有明显的年龄性变化，初生麋鹿的胸腺发育尚不完善，性成熟时体积和重量达到高峰，腺体明显增大，随后逐渐退化萎缩。胸腺位于颈下部与胸口附近，可分为两个颈叶和一个胸叶。成年麋鹿的胸腺组织几乎完全被脂肪组织所替代（图 8-2）。胸腺是培育和选择 T 细胞的重要场所，淋巴干细胞进入胸腺后，在胸腺激素及微环境的诱导下，发育分化为各种 T 细胞。

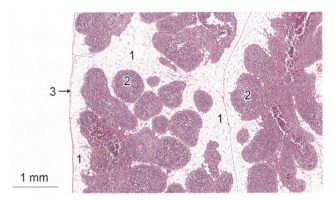

图 8-2　胸腺（老年个体）HE 染色（2.5×）
1：脂肪组织；2：胸腺组织；3：被膜
Fig8-2　Thymus (old) HE staining (2.5×)
1: adipose tissue; 2: thymic tissue; 3: capsule

1. 胸腺的一般结构

麋鹿的胸腺表面覆盖有一薄层结缔组织被膜（capsule），被膜的结缔组织伸入胸腺实质内，将其实质分成许多不完整的小叶，称为胸腺小叶（thymic lobule）（图 8-3）。每个小叶由周边的皮质和中央的髓质构成。多数小叶的髓质可彼此相连，也有少数小叶分隔较为完全。被膜和小叶间隔的结缔组织内含有较多的血管与肥大细胞。

2. 胸腺皮质

胸腺皮质（thymic cortex）主要由密集的胸腺细胞和少量上皮性网状细胞（epithelial reticular cell）（简称上皮细胞）构成，还含有一些巨噬细胞等。上皮性网状细胞形态多样，大多呈星形，细胞间相互连接，形成多孔隙的网架。胸腺组

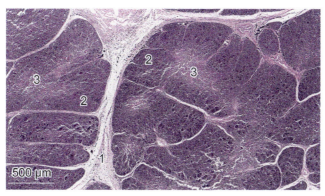

图 8-3　胸腺 HE 染色（5×）

1：小叶间隔；2：皮质；3：髓质

Fig 8-3　Thymus HE staining（5×）

1: interlobular septum; 2: cortex; 3: medulla

织切片 HE 染色标本中，由于上皮性网状细胞少，胸腺细胞多而密集，故着色较深。

3. 胸腺髓质

胸腺髓质（thymic medulla）主要由上皮细胞和 T 细胞组成，另有少量巨噬细胞、肥大细胞、B 细胞、浆细胞、嗜酸性粒细胞以及一些胸腺小体。胸腺组织切片 HE 染色标本中，髓质上皮性网状细胞多，而淋巴细胞数量少且稀疏，染色较淡，但与皮质界限不甚明显。

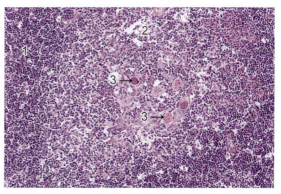

图 8-4　胸腺髓质 HE 染色（20×）

1：皮质；2：髓质；3：胸腺小体（哈索尔小体）

Fig 8-4　Thymic medulla HE staining（20×）

1: cortex; 2: medulla; 3: thymic corpuscle (Hassall corpuscle)

胸腺小体（thymic corpuscle）一般呈圆形或卵圆形，直径 30～50μm，由上皮性网状细胞呈同心圆状环绕排列，胸腺小体的结构很像洋葱的横切面，HE 染色呈强嗜酸性（图 8-4）。胸腺小体位于髓质，是胸腺髓质的特征性结构。

（二）骨髓

骨髓（bone marrow）既是体内最大的造血器官，也是麇鹿培育 B 细胞的中枢淋巴器官。

（三）淋巴结

淋巴结（lymph node）分布在淋巴回流的通路上，大小不等，多呈椭圆形或蚕豆状，是麋鹿重要的周围淋巴器官。通常淋巴结的一侧有凹陷，称为门部（hilus），是血管、神经和输出淋巴管通过的地方。淋巴结是麋鹿体内重要的免疫器官，构成机体的第二道防线，具有过滤淋巴和进行免疫应答的作用。

1. 被膜与小梁

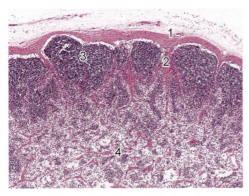

图 8-5　淋巴结 HE 染色（5×）
1：被膜；2：小梁；3：皮质；4：髓质
Fig8-5　Lymph node HE staining (5×)
1: capsule; 2: trabecular; 3: cortex; 4: medulla

淋巴结表面覆有薄层结缔组织被膜，被膜结缔组织伸入淋巴结内部形成粗细不等的小梁（trabecular），小梁再分支且互相连接成网，形成淋巴结的粗网架结构（图 8-5）。在小梁之间网状组织构成淋巴结的细微支架。被膜和小梁的结缔组织内可见大量胶原纤维与毛细血管，少量平滑肌束和弹性纤维，以及数条输入淋巴管穿过被膜与被膜下窦相通。此外，被膜下还有较多的肥大细胞，其大小不一，形态各异，有梭形、圆形、椭圆形、三角形、蝌蚪形和不规则形等。淋巴结的实质分为皮质和髓质两部分。

2. 皮质

皮质位于被膜下方，由浅层皮质、副皮质区和皮质淋巴窦构成。

1）浅层皮质

淋巴小结和小结间弥散淋巴组织构成淋巴结的浅层皮质（superfacial cortex），位于被膜下浅层（图 8-6）。淋巴小结呈圆形或卵圆形，大小不一，数量不等，一般存在于被膜下方和小梁旁。淋巴小结内的细胞绝大多数为 B 细胞，少数为巨噬细胞、滤泡树突状细胞以及辅助性 T 细胞等。发育良好的淋巴小结，可见明显的暗区、明区和小结帽。小结帽环绕淋巴小结，靠近被膜一侧最厚，由密集的小淋巴细胞构成。暗区和明区组成生发中心，暗区位于淋巴小结下半部朝

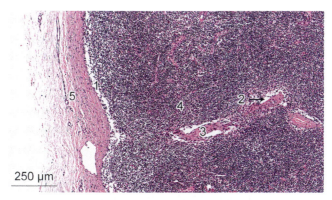

图 8-6　淋巴结皮质淋巴窦 HE 染色（10×）

1：被膜下窦；2：小梁周窦；3：小梁；4：皮质；5：被膜

Fig8-6　Cortical sinus of lymph node HE staining (10×)

1: subcapsular sinus; 2: peritrabecular sinus; 3: trabecular; 4: cortex; 5: capsule

向皮质深层，由较为密集的大 B 细胞组成，着色较深；明区为中等大小的 B 细胞，细胞较为稀疏，着色较浅。

小结间浅层皮质（internodular superfacial cortex）又称小结外区（extrafollicular zone），为弥散淋巴组织，是淋巴结内最早接触抗原的部位。小结间浅层皮质由较多的处女型 B 细胞以及少量的 T 细胞和树突状细胞组成，此处的淋巴窦也较宽。

2）副皮质区

副皮质区（paracortex zone）位于皮质深部，又称深层皮质（deep cortex），为厚层弥散淋巴组织（图 8-7）。深层皮质的细胞较密集，主要含有 T 细胞，还

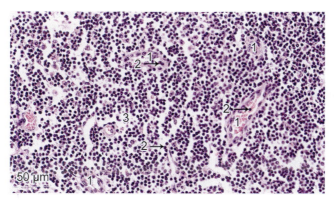

图 8-7　副皮质区 HE 染色（40×）

1：毛细血管后微静脉；2：淋巴细胞；3：副皮质区

Fig8-7　Paracortex zone HE staining (40×)

1: postcapillary venule; 2: lymphocyte; 3: paracortex zone

有一些 B 细胞、交错突细胞和巨噬细胞等。此外，深层皮质内还有许多立方形内皮细胞的毛细血管后微静脉，是血液中的淋巴细胞进入淋巴组织的重要通道。

3）皮质淋巴窦

皮质淋巴窦（cortical sinus）包括被膜下窦（subcapsular sinus）和小梁周窦（peritrabecular sinus）（图 8-8）。输入淋巴管（afferent lymphatic vessel）穿过被膜与被膜下窦相通，穿过副皮质区再与髓窦相通。沿小梁周围的皮质淋巴窦为小梁周窦，多为较短的盲管。窦壁衬以一层连续性的扁平内皮，内皮外侧有薄层基质、少量网状纤维和一层扁平网状细胞；窦腔内常有一些呈星状的网状细胞支撑，有许多巨噬细胞附于其上或游离于窦腔内，窦腔内还有许多淋巴细胞等。

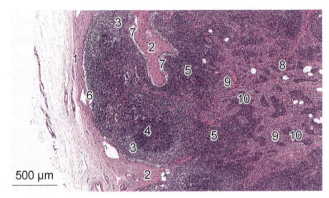

图 8-8　淋巴结 HE 染色（5×）

1：被膜；2：小梁；3：弥散淋巴组织；4：淋巴小结；5：副皮质区；6：被膜下窦；7：小梁周窦；
8：髓质；9：髓窦；10：髓索

Fig8-8　Lymph node HE staining（5×）

1: capsule; 2: trabecular; 3: diffuse lymphoid tissue; 4: lymphoid nodule; 5: paracortex zone; 6: subcapsular sinus;
7: peritrabecular sinus; 8: medulla; 9: medullary sinus; 10: medullary cord

3. 髓质

髓质由髓索和髓窦组成。

1）髓索

髓索（medullary cord）是由相互连接的索状淋巴组织构成，髓索内主要含 B 细胞和浆细胞，还有一些 T 细胞、巨噬细胞和少量肥大细胞等。髓索内有丰富的毛细血管，其中的毛细血管后微静脉是血内淋巴细胞进入淋巴组织的一条重要通道。

2）髓窦

髓窦（medullary sinus）即髓质淋巴窦，位于髓索之间，其结构与皮质淋巴

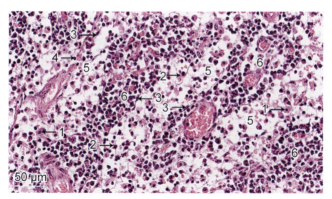

图 8-9　淋巴结髓质淋巴窦 HE 染色（40×）

1：巨噬细胞；2：网状细胞；3：髓窦内皮；4：淋巴细胞；5：髓窦；6：髓索

Fig8-9　Medullary sinus of lymph node HE staining（40×）

1: macrophage; 2: reticular cell; 3: endothelium of medullary sinus; 4: lymphocyte; 5: medullary sinus; 6: medullary cord

窦相似，但窦腔更宽且不规则，腔内常含有较多巨噬细胞（图 8-9）。麋鹿不同部位的淋巴结，其髓质淋巴窦的发达程度也不同，以肠系膜淋巴结的较为宽大，而腘淋巴结等的较为狭窄。

（四）脾

脾（spleen）是麋鹿体内最大的淋巴器官，眼观呈壁面略凸、脏面略凹的圆形或者椭圆盘形结构，边缘薄，脾门处较厚，供脾动脉、静脉及淋巴管进出。通常在远离脾门的脏面有 1 个小叶，初生麋鹿脾偶见 2 个小叶。初生麋鹿脾重约 14.4g，成年麋鹿的脾重约 387.5g。脾实质分为白髓、边缘区和红髓，主要由淋巴组织构成（图 8-10）。脾位于血液循环的通路上，含有大量的血管和血窦。脾是免疫应答的重要场所，并有滤血、储血和造血等作用。

脾由被膜和实质构成。实质分为白髓、边缘区和红髓。

1. 被膜与小梁

麋鹿脾的被膜和小梁均很发达，被膜表面覆有间皮。麋鹿脾被膜较厚，且随着年龄的增长厚度增加，分为两层，外层较薄，为丰富的结缔组织，含有丰富的胶原纤维、少量毛细血管及少量弹性纤维。外层表面覆有间皮，为扁平细胞，有时在局部成为立方上皮。内层较厚，为较疏松的结缔组织，含有丰富的胶原纤维、多少不等的肌纤维及少量弹性纤维。肌纤维组成的平滑肌可分为 2 层，靠近

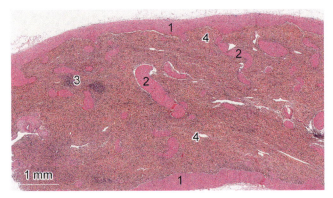

图 8-10　脾 HE 染色（2.5×）
1：被膜；2：小梁；3：白髓；4：红髓
Fig8-10　Spleen HE staining (2.5×)
1: capsule; 2: trabecular; 3: white pulp; 4: red pulp

结缔组织的一层很薄，平滑肌束相互交错。平滑肌层向脾实质内延伸形成各级小梁。被膜的厚度以及不同平滑肌层的厚度并非均匀一致。

　　被膜结缔组织伸入脾内形成有分支的小梁，构成脾的支架。麋鹿脾小梁发达，富含胶原纤维、肌纤维及弹性纤维。较大的初级小梁中常见小梁静脉（trabecular vein）和小梁动脉（trabecular artery）分布；初级小梁继续分支所形成的次级小梁相互连接，构成脾的粗支架。小梁之间由网状组织构成，是脾的海绵状多孔隙的细支架。幼龄麋鹿脾初级小梁发达，次级小梁不发达，含有丰富的胶原纤维。成年麋鹿小梁发达，含有丰富的胶原纤维、多少不等的肌纤维和弹性纤维。小梁内含较多的平滑肌细胞，平滑肌细胞收缩可调节脾内的血量。

2. 白髓

　　白髓（white pulp）包括动脉周围淋巴鞘和脾小结，由动脉及周围密集的淋巴组织构成。在新鲜脾的切面上，白髓呈灰白小点状。

　　1）动脉周围淋巴鞘

　　动脉周围淋巴鞘（periarterial lymphatic sheath）是分布在中央动脉（central artery）周围的厚层弥散淋巴组织，由大量密集的 T 细胞以及散在少量的巨噬细胞、交错突细胞等构成，属脾的胸腺依赖区（图 8-11）。

　　2）脾小体

　　脾小体（splenic corpuscle）又称"脾小结（splenic nodule）"，即脾中的淋巴小结（图 8-12），位于动脉周围淋巴鞘与边缘区之间，结构与淋巴结中的淋巴小

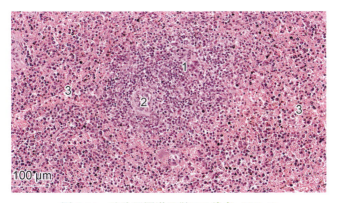

图 8-11　动脉周围淋巴鞘 HE 染色（20×）

1：动脉周围淋巴鞘；2：中央动脉；3：红髓

Fig 8-11　Periarterial lymphatic sheath HE staining (20×)

1: periarterial lymphatic sheath; 2: central artery; 3: red pulp

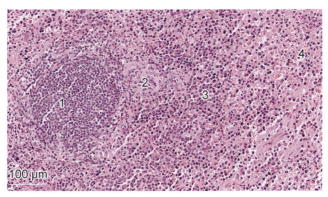

图 8-12　脾小结 HE 染色（20×）

1：脾小结；2：中央动脉；3：动脉周围淋巴鞘；4：红髓

Fig8-12　Splenic nodule HE staining (20×)

1: splenic nodule; 2: central artery; 3: periarterial lymphatic sheath; 4: red pulp

结相似，多呈圆形，发育良好者也可分出明区、暗区和小结帽等结构，小结帽朝向红髓。脾小结内有中央动脉的分支穿过，绝大多数处于偏心位置。脾小结也主要由 B 细胞构成。麋鹿不同个体之间，其脾小结的数量有差异，这可能与机体的免疫状态有关。初生麋鹿脾小结未发育完全，生发中心不明显，青年麋鹿脾小结较多，老年麋鹿白髓出现萎缩，脾小结少。

3. 边缘区

边缘区（marginal zone）位于白髓与红髓之间，界限不甚清楚。此处的细胞排列较白髓稀疏，但较脾索密集，主要含 B 细胞、T 细胞、巨噬细胞、浆细胞和少量的各种血细胞。在白髓与边缘区之间，由中央动脉分支而成的一些毛细血管，其末端膨大形成边缘窦（marginalsinus），它是血液淋巴细胞进入脾红髓内的重要通道。边缘区是脾内免疫细胞捕获抗原和引起免疫应答的重要部位。

4. 红髓

红髓（red pulp）分布于被膜下、边缘区外周以及小梁周围，面积占脾实质的绝大部分，可分为脾索和脾血窦两部分。由于其含大量血细胞，在新鲜脾切面上呈现红色，因此称为红髓。

1）脾索

脾索（splenic cord）由大量的细胞构成，呈索状，相互连接成网，与脾血窦相间排列。脾索内含大量的血细胞、巨噬细胞，以及丰富的浆细胞、B 细胞、T 细胞等淋巴细胞。

2）脾血窦

脾血窦（splenic sinus）简称脾窦（splenic sinusid），为静脉性血窦，位于脾索之间，形态不规则，互相连接成网。麋鹿的脾窦发达。窦壁由一层长杆状的内皮细胞平行排列而成，内皮细胞之间有明显的间隙，内皮基膜不完整，脾窦似多孔隙的栅栏状结构。脾索内的巨噬细胞、血细胞可穿过间隙进入脾窦内。

（五）血结

血结（hemal node）为暗红色小体，外周有薄层脂肪组织包裹，呈圆形或椭圆形，单个分散存在，有小血管与之相连（图 8-13）。麋鹿血结较多，主要分布于胸、腹腔大动脉附近，纵隔及肠系膜根部，数目不等，多者可达百余个。血结的组织结构与淋巴结相似，由被膜、血窦和淋巴组织构成，其特点是窦腔内有大量血液，未见到输入淋巴管。

（六）扁桃体

扁桃体（tonsil）主要由淋巴小结和大量的弥散淋巴组织构成。其一般位于消化道与呼吸道的起始部位，环绕口咽、鼻咽和咽喉交界处分布，根据分布的不同部位，扁桃体分为腭扁桃体、咽扁桃体和舌扁桃体等。上皮深面内含有大量弥

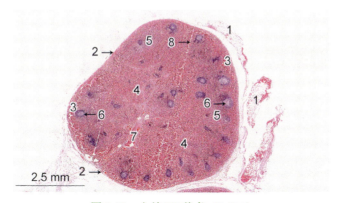

图 8-13　血结 HE 染色（1.5×）

1：脂肪组织；2：被膜；3：被膜下窦；4：红髓；5：白质；6：淋巴小结；7：血管；8：刀痕

Fig 8-13　Hemal node HE staining (1.5×)

1: adipose tissue; 2: capsule; 3: subcapsular sinus; 4: red pulp; 5: white matter; 6: lymphoid nodule; 7: blood vessel; 8: tool mark

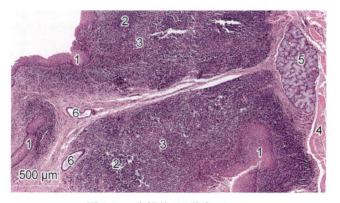

图 8-14　扁桃体 HE 染色（5×）

1：咽黏膜上皮；2：淋巴小结；3：淋巴上皮组织；4：骨；5：黏液性腺泡；6：唾液管

Fig8-14　Tonsil HE staining (5×)

1: epithelium mucosa of pharynx; 2: lymphoid nodule; 3: diffuse lymphoid tissue; 4: bone; 5: mucous acinus; 6: salivary duct

散淋巴组织和淋巴小结。淋巴小结内常见生发中心，含大量淋巴细胞、浆细胞和少量巨噬细胞等。扁桃体附近的结缔组织内常有小唾液腺，为黏液腺，并有较多的肥大细胞（图 8-14）。

扁桃体处于机体门户位置，是最易接受抗原刺激的免疫器官，可引起局部或全身的免疫应答，构成机体免疫的第一道防线，对机体具有重要的防御和保护作用。

本章撰写人员：钟震宇、张庆勋

第九章

内分泌系统

麋鹿的内分泌系统（endocrine system）由独立的内分泌腺以及内分泌细胞构成。内分泌腺包括甲状腺、甲状旁腺、肾上腺和脑垂体等；内分泌细胞包括存在于某些器官内的内分泌细胞群，包括胰岛、黄体、睾丸间质细胞等；散在分布的内分泌细胞，如分布于胃肠道、呼吸道、泌尿生殖道等黏膜上皮和腺体中的内分泌细胞；兼有内分泌功能的细胞，如心肌细胞、平滑肌细胞、内皮细胞、白细胞等。内分泌系统属动物机体调节系统，与神经系统、免疫系统共同调节动物的生长发育和各种代谢活动，影响行为和控制生殖等。

内分泌腺为无管腺，腺实质细胞常排列成索状、团块状或滤泡状，腺细胞间有大量的毛细血管和血窦。腺细胞分泌的活性物质称为激素（hormone），大多数内分泌细胞产生的激素进入细胞周围的毛细血管，通过血液循环发挥调节作用，有少数内分泌细胞产生的激素能直接作用于邻近细胞。

一、甲状腺

麋鹿的甲状腺（thyroid gland）位于喉后方颈部气管的两侧和腹侧面，前端达第 1 软骨环，后端一般至第 4～6 软骨环。甲状腺可分为左、右两侧叶和中间的峡部（图 9-1）。侧叶呈扁的长椭圆形，两侧叶大小相似或稍有差别。峡部呈条状，较窄，较薄，靠近后端，连接左、右两侧叶。甲状腺质地较硬，表面包有结缔组织被膜，被膜结缔组织伸入腺体内，将其实质分为许多大小不一的小叶。小叶由许多滤泡构成，滤泡间填充疏松结缔组织，内含丰富的毛细血管和散在的滤泡旁细胞。

（一）滤泡

滤泡（follicle）由单层的滤泡上皮细胞围成。滤泡呈圆形、卵圆形或不规则形，大小不等。滤泡腔内通常充满了由滤泡上皮细胞分泌的胶质状分泌物（甲状腺球蛋白，thyroglobulin），HE 染色标本呈嗜酸性，呈现深浅不一的红色。

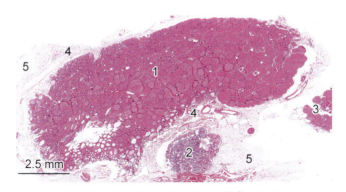

图 9-1　甲状腺和甲状旁腺 HE 染色（1×）
1：甲状腺；2：甲状旁腺；3：甲状腺峡部；4：被膜；5：脂肪组织
Fig 9-1　Thyroid gland and parathyroid gland HE staining (1×)
1: thyroid gland; 2: parathyroid gland; 3: isthmus of thyroid gland; 4: capsule; 5: adipose tissue

滤泡上皮细胞是构成滤泡的主要细胞，一般呈立方形，细胞核圆形或卵圆形，位于细胞中央。甲状腺滤泡上皮细胞的形态及滤泡腔内胶质含量常随甲状腺的功能状态而发生变化，着色出现深浅变化。

（二）滤泡旁细胞

滤泡旁细胞（parafollicular cell）位于滤泡之间结缔组织中和滤泡上皮细胞之间，呈卵圆形或多边形，体积比滤泡上皮细胞稍大（图 9-2）。在 HE 染色标本中，

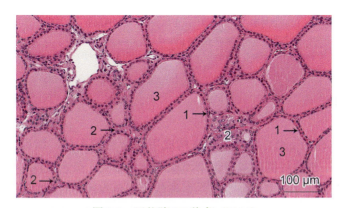

图 9-2　甲状腺 HE 染色（20×）
1：滤泡上皮；2：滤泡旁细胞；3：滤泡
Fig 9-2　Thyroid gland HE staining (20×)
1: follicular epithelium; 2: parafollicular cell; 3: follicle

细胞质着色淡，其也称为亮细胞（clear cell）。麋鹿甲状腺的滤泡旁细胞数量较少，分布也不均匀，有的部位成群分布，有的部位则很少或无。

二、甲状旁腺

麋鹿的甲状旁腺（parathyroid gland）共有4个，每侧2个，外形呈扁的圆形或椭圆形小体，直径3～5mm，厚2～3mm，棕褐色。其位置多变，一般位于甲状腺侧叶周围或埋于甲状腺实质内。表面包有薄层结缔组织被膜，腺细胞较多，密集排列成团块状、索状或围成滤泡，间质较多，其间有丰富的毛细血管、少量的结缔组织和散在的脂肪细胞。腺细胞有主细胞和嗜酸性细胞2种（图9-3）。

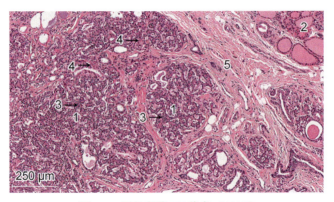

图 9-3 甲状旁腺 HE 染色（10×）
1：甲状旁腺；2：甲状腺；3：主细胞；4：嗜酸性细胞；5：被膜
Fig 9-3 Parathyroid gland HE staining (10×)
1: parathyroid gland; 2: thyroid gland; 3: chief cell; 4: oxyphil cell; 5: capsule

（一）主细胞

主细胞（chief cell）数量多，是构成甲状旁腺的主体，细胞呈圆形或多边形，体积较小；细胞核圆形或卵圆形，位于细胞中央，染色较深，细胞质弱嗜酸化，呈淡红色。在 HE 染色标本中，主细胞的染色深浅略有差异，因此，麋鹿的主细胞又分为暗主细胞和淡主细胞2种类型。主细胞能合成和分泌甲状旁腺激素（parathyroid hormone）。它与降钙素、维生素 D 共同调节体内的钙、磷代谢，维持机体血钙浓度的平衡。

（二）嗜酸性细胞

嗜酸性细胞（oxyphil cell）的数量较少，在主细胞之间单个或成群分布。在 HE 染色标本中，嗜酸性细胞比主细胞大，呈多边形，细胞核小而圆，染色很深，细胞质内充满嗜酸性颗粒，故呈强嗜酸性（图 9-4）。

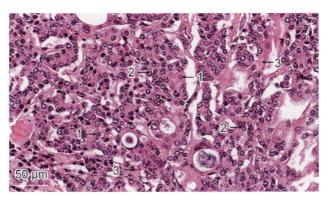

图 9-4　甲状旁腺 HE 染色（40×）
1：嗜酸性细胞；2：主细胞；3：毛细血管
Fig 9-4　Parathyroid gland HE staining (40×)
1: oxyphil cell; 2: chief cell; 3: capillary

三、肾上腺

麋鹿有一对肾上腺（adrenal gland），左、右各一个，右肾上腺位于右肾的前缘，左肾上腺位于肾门附近。左、右肾上腺大小相当，形状略有不同，右肾上腺呈肾形，左肾上腺呈钝三角锥形体。腺体表面覆盖一层致密的结缔组织被膜。实质分为髓质和皮质，髓质位于中央，新鲜切面呈浅粉色，皮质位于外周，新鲜切面呈红褐色。

（一）皮质

皮质（cortex）位于被膜下，自外向内又分为球状带、束状带和网状带 3 部分（图 9-5）。

1. 球状带

球状带（zona glomerulosa）位于被膜下方，较薄，约占皮质厚度的 15%，染色较深。

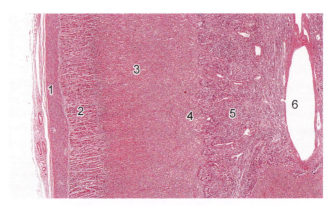

图 9-5　肾上腺 HE 染色（2.5×）
1：被膜；2：球状带；3：束状带；4：网状带；5：髓质；6：中央静脉
Fig 9-5　Adrenal gland HE staining（2.5×）
1: capsule; 2: zona glomerulosa; 3: zona fasciculata; 4: zona reticularis; 5: medulla; 6: central vein

细胞较小，排列成团球状、滤泡状、条索状等形式。在 HE 染色标本中，球状带细胞染色较深。球状带细胞分泌盐皮质激素（mineralocorticoid），如醛固酮等。

2. 束状带

束状带（zona fasciculata）位于球状带深面，是皮质各层中最厚的部分。腺细胞排列成索状，细胞为多边形，细胞核大而圆，染色较淡，核仁清晰。细胞质较多，含大量的脂滴，在 HE 染色标本中呈空泡状。细胞索之间有较多的纵行窦状毛细血管和少量结缔组织及成纤维细胞。

束状带细胞分泌糖皮质激素（glucocorticoid），主要为皮质醇和皮质酮，可调节糖、蛋白质和脂肪的代谢。

3. 网状带

网状带（zona reticularis）位于皮质最内层束状带深部，与髓质交接，界限不清。在不同个体或不同部位，其厚薄有差别。网状带细胞呈多边形，细胞排列成索并相互连接成网状，其间含有窦状毛细血管和少量结缔组织。细胞较小，细胞核小圆形，着色深，细胞质嗜酸性，内含少量脂滴和较多的脂褐素颗粒。

网状带细胞主要产生、分泌雄激素（androgen），也能产生、分泌少量雌激素（estrogen）和糖皮质激素。

4. 皮质环区

麋鹿的肾上腺与人的一样，还有一些皮质组织环绕髓质的中央静脉分支形成皮质环区（cortical cuff），在皮质环区上可清楚分辨出成团的球状带、淡染的束状带和深染的网状带，细胞紧贴髓质（图 9-6）。

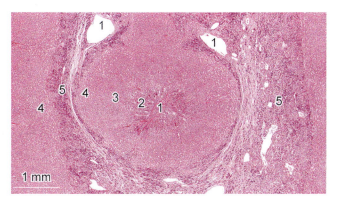

图 9-6　肾上腺皮质环区 HE 染色（2.5×）

1：中央静脉；2：球状带；3：束状带；4：网状带；5：髓质

Fig 9-6　Cortical cuff of adrenal gland HE staining (2.5×)

1: central vein; 2: zona glomerulosa; 3: zona fasciculata; 4: zona reticularis; 5: medulla

（二）髓质

肾上腺髓质（adrenal medulla）位于腺体中央区，网状带的深部，主要由髓质细胞组成，含有少量交感神经节细胞。腺细胞排列成团块状或索状，并互相连接成网，其间含有大量血窦和少量结缔组织（图 9-7）。在 HE 染色标本，髓质细

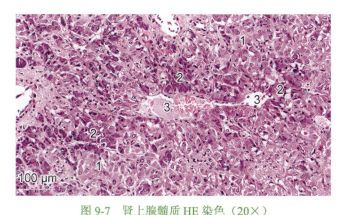

图 9-7　肾上腺髓质 HE 染色（20×）

1：明细胞；2：暗细胞；3：静脉

Fig 9-7　Medulla of adrenal gland HE staining (20×)

1: light cell; 2: dark cell; 3: vein

胞呈嗜碱性，可大致分为明、暗2种类型：明细胞为肾上腺素细胞，占大多数，较大，呈圆形或多边形，染色浅，细胞核圆形，核仁清楚。暗细胞为去甲肾上腺素细胞，数量较少，不规则形，染色深，细胞核较小，常位于细胞一侧。暗细胞单个或成群分散于明细胞之间，多分布于血窦周围。

四、垂体

垂体（hypophysis）是带柄的椭圆形小体，悬吊于丘脑下部第三脑室底的前下方，通过垂体柄将垂体连在灰结节上。垂体柄稍向后下方倾斜，垂体伸到蝶骨体的垂体窝中。垂体表面覆盖结缔组织被膜。根据垂体的发生、外形和内部结构特点，垂体实质可分为腺垂体（adenohypophysis）和神经垂体（neurohypophysis）两大部分（图 9-8）。

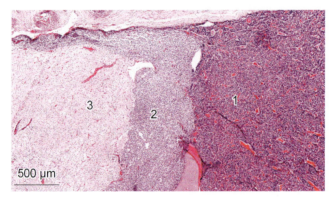

图 9-8　垂体 HE 染色（5×）
1：远侧部；2：中间部；3：神经部
Fig 9-8　Hypophysis HE staining（5×）
1: pars distalis; 2: pars intermedia; 3: pars nervosa

垂体分泌的多种激素对多种内分泌腺有调控作用，控制动物的生长发育、代谢和生殖等生命活动，而其本身的分泌活动又直接受下丘脑的控制，故垂体是联系神经系统和内分泌系统的重要枢纽。

（一）腺垂体

1. 远侧部

远侧部（pars distalis）占腺垂体的大部分，主要由大量的腺细胞构成，含有少量结缔组织和丰富的毛细血管。在 HE 染色的标本中，根据腺细胞的染色特性，可分为嗜酸性细胞、嗜碱性细胞和嫌色细胞 3 种（图 9-9）。

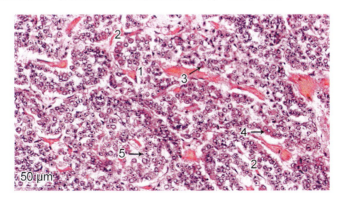

图 9-9　腺垂体远侧部 HE 染色（20×）
1：结缔组织；2：毛细血管；3：嗜碱性细胞；4：嗜酸性细胞；5：嫌色细胞
Fig 9-9　Pars distalis of adenohypophysis HE staining (20×)
1: connective tissue; 2: capillary; 3: basophilic cell; 4: acidophil cell; 5: chromophobe cell

1）嗜酸性细胞

嗜酸性细胞（acidophil cell）数量较多，体积较大，呈圆形或卵圆形。细胞质内含大量嗜酸性红色颗粒，细胞质呈强嗜酸性。根据其分泌激素的不同，嗜酸性细胞可分为生长激素细胞和催乳激素细胞。

生长激素细胞（somatotroph，STH cell）数量多，体积大，呈圆形或椭圆形，细胞核大，细胞质内充满分泌颗粒，分泌生长激素（growth hormone，GH；somatotropin，STH）。

催乳激素细胞（lactotroph）数量较少，仅在妊娠期和哺乳期数量增加。细胞体积较大，卵圆形。细胞核较小，细胞质内含粗大的分泌颗粒，分泌催乳激素（prolactin，PRL）。

2）嗜碱性细胞

嗜碱性细胞（basophilic cell）数量少，细胞体积大，细胞核较大，染色浅，细胞质内含许多嗜碱性蓝色颗粒，细胞质呈强嗜碱性。根据其分泌激素的功能，嗜碱性细胞可分为促甲状腺激素细胞、促肾上腺皮质激素细胞和促性腺激素细胞。

a）促甲状腺激素细胞

促甲状腺激素细胞（thyrotroph，TSH cell）数量少，细胞不规则形，细胞质内的分泌颗粒较少且小，分泌促甲状腺激素（thyrotropin，thyroid stimulating hormone，TSH）。

b）促肾上腺皮质激素细胞

促肾上腺皮质激素细胞（corticotroph，ACTH cell）大，呈不规则形，细胞质呈弱嗜碱性，内分泌颗粒较小且少，分泌促肾上腺皮质激素（adrenocorticotropic hormone，ACTH）和促脂解素（lipotropin，LPH）。

c）促性腺激素细胞

促性腺激素细胞（gonadotroph）体积大，呈圆形，细胞质内分泌颗粒椭圆形，大小不等，分泌卵泡刺激素（follicle-stimulating hormone，FSH）和黄体生成素（luteinizing hormone，LH）。

3）嫌色细胞

嫌色细胞（chromophobe cell）数量最多，细胞聚集，体积小，呈圆形或多角形，细胞着色浅，界限不清晰，在光镜下细胞质内无颗粒。

2. 中间部

中间部（pars intermedia）位于远侧部与神经部之间，体积较小，主要由嫌色细胞和嗜碱性细胞组成，细胞较小，多呈圆形或多角形（图 9-10）。中间部的嗜碱性细胞主要是黑素细胞刺激素细胞（melanotroph），呈弱嗜碱性，分泌促黑素细胞激素（melanocyte stimulating hormone，MSH）。

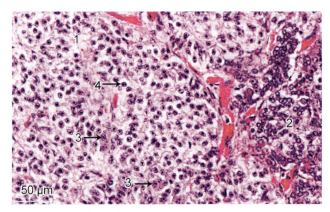

图 9-10　腺垂体中间部 HE 染色（40×）
1：中间部；2：远侧部；3：嗜碱性细胞；4：嫌色细胞
Fig 9-10　Pars intermedia of adenohypophysis HE staining (40×)
1: pars intermedia; 2: pars distalis; 3: basophilic cell; 4: chromophobe cell

3. 结节部

结节部（pars tuberalis）呈套筒状包围着垂体柄，内含丰富的毛细血管。腺细胞主要是嫌色细胞和少量的嗜色细胞。

（二）神经垂体

神经垂体直接连接下丘脑，由大量无髓神经纤维、神经胶质细胞、少量网状纤维和丰富的毛细血管构成。无髓神经纤维来自下丘脑，其轴突经漏斗进入神经部。神经元胞体内的分泌颗粒大量聚集时，使轴突局部膨大，形成大小不等的嗜酸性团块，称为赫林体（Herring body）。赫林体在 HE 染色标本中呈嗜酸性红色团块，麋鹿的赫林体较多，单个或成群分布（图 9-11）。

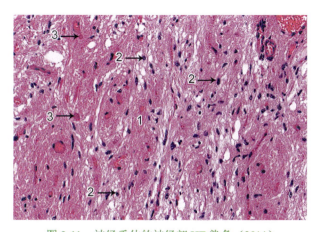

图 9-11　神经垂体的神经部 HE 染色（20×）
1：神经部；2：垂体细胞；3：赫林体
Fig 9-11　Pars nervosa of neurohypophysis HE staining (20×)
1: pars nervosa; 2: pituicyte; 3: Herring body

神经垂体的神经胶质细胞又称垂体细胞（pituicyte），分布于神经纤维之间，细胞大小不等，形态多样，常有数个突起。

五、松果体

麋鹿的松果体（pineal body）位于间脑背侧中央，在大脑半球的深部，以柄连于丘脑上部，呈长卵圆形，表面覆结缔组织被膜（软脑膜）。其实质主要由松果体细胞（pinealocyte）、神经胶质细胞和神经纤维构成。

本章撰写人员：钟震宇、程志斌

第十章

循 环 系 统

循环系统（circulatory system）包括心血管系统和淋巴管系统两部分。心血管系统由心脏、动脉、毛细血管和静脉构成，是一个封闭的管道系统。淋巴管系统是由毛细淋巴管、淋巴管和淋巴导管组成，是一个单向回流的管道系统。毛细淋巴管位于组织中，是淋巴管系统的起始部。

一、血管壁的一般结构

血管是中空的器官，血管包含动脉、毛细血管和静脉。根据其管径的大小，可将动、静脉分为大、中、小、微 4 级。麋鹿的血管结构与牛的基本相同，除毛细血管外，血管壁从腔面向外，依次由内膜、中膜和外膜 3 层构成。

（一）内膜

内膜（tunica intima）是 3 层中最薄的一层，由血管内皮、内皮下层和内弹性膜组成。

1. 血管内皮

血管内皮（vascular endothelium）属于单层扁平上皮，覆于血管腔面。细胞扁平呈多边形，细胞核扁圆形，含核部分较厚略凸向血管腔面，其余部分很薄。细胞基底面附着于基膜上，游离面光滑。近年来的研究显示，内皮细胞还具有分泌多种生物活性物质的功能。

2. 内皮下层

内皮下层（subendothelial layer）是位于内皮深面的薄层结缔组织，内含少量胶原纤维、弹性纤维，有的血管含有少许纵行平滑肌细胞。

3. 内弹性膜

有的动脉在内皮下层深面存在内弹性膜（internal elastic membrane）。它由弹性蛋白构成，膜上有许多小孔。在血管横切面上，内弹性膜因血管收缩常呈波浪状，通常以内弹性膜作为内膜和中膜的分界。

（二）中膜

中膜（tunica media）位于内膜和外膜之间。大动脉中膜厚，以弹性膜（elastic membrane）和弹性纤维为主，间有少量平滑肌细胞和胶原纤维；中动脉中膜较厚，主要由平滑肌细胞组成，间有少量弹性纤维和胶原纤维。血管平滑肌细胞较细，并常有分支。近年研究表明，血管的平滑肌细胞也具有分泌肾素和血管紧张素原的功能。

（三）外膜

外膜（adventitia）由疏松结缔组织组成，还含有弹性纤维和胶原纤维，以及小血管、淋巴管和神经纤维。动脉的外膜通常较薄，静脉的则较厚。

二、动脉

动脉（artery）是将血液从心脏运送到毛细血管的管道。动脉从心脏发出后，反复分支，管径逐渐变细，根据管径大小，通常将动脉分为大动脉、中动脉、小动脉和微动脉。管壁均由内膜、中膜和外膜组成。

（一）大动脉

大动脉（large artery）包括主动脉、肺动脉、椎动脉、无名动脉、颈总动脉等。大动脉管壁厚（图 10-1），中膜内含有大量的弹性纤维和弹性膜，故又称弹性动脉（elastic artery）。

1. 内膜

内膜由内皮、内皮下层和内弹性膜组成，各层之间分界不明显。内皮极薄，

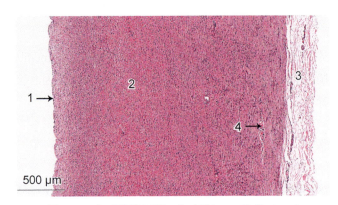

图 10-1　大动脉横切面（主动脉）HE 染色（5×）

1：内膜；2：中膜；3：外膜；4：血管

Fig 10-1　Transverse section of large artery (aorta) HE staining (5×)

1: tunica intima; 2: tunica media; 3: adventitia; 4: blood vessel

内皮下层为疏松结缔组织，含有弹性纤维、胶原纤维和一些平滑肌细胞，内弹性膜由多层弹性膜组成，与中膜的弹性膜相连，光镜下内膜与中膜界限不清。

2. 中膜

中膜为最厚的一层，主要由数十层环行弹性膜组成，各层弹性膜间由弹性纤维相连，其间还有少量的环行平滑肌细胞和胶原纤维及弹性纤维。中膜含有营养血管。

3. 外膜

外膜比中膜薄，由结缔组织构成，内含较多的胶原纤维和少量的弹性纤维。光镜下外弹性膜不明显，常不易辨认。

（二）中动脉

除大动脉外，凡解剖学上有名称的管径大于 1mm 的动脉，大都属于中动脉（medium-sized artery）。中动脉中膜主要由平滑肌组成，故又称肌性动脉（muscular artery）。中动脉的结构最为典型，各层界限明显（图 10-2）。

1. 内膜

内膜分为内皮、内皮下层和内弹性膜 3 层，界限明显。内皮极薄，与大动脉内皮相延续。内皮下层为疏松结缔组织，含有胶原纤维和少量平滑肌细胞。内

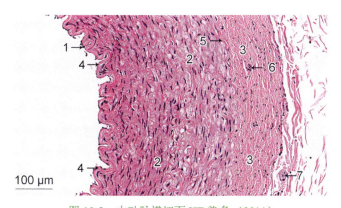

图 10-2　中动脉横切面 HE 染色（20×）

1：内皮；2：中膜；3：外膜；4：内弹性膜；5：外弹性膜；6：血管；7：神经纤维

Fig 10-2　Transverse section of medium-sized artery HE staining (20×)

1: endothelium; 2: tunica media; 3: adventitia; 4: internal elastic membrane; 5: external elastic membrane;
6: blood vessel; 7: nerve fiber

弹性膜明显。在 HE 染色标本中，因中膜平滑肌收缩，内弹性膜呈亮红色的波纹状。

2. 中膜

中膜较厚，主要由数十层环行的平滑肌细胞构成。肌细胞间有少量胶原纤维和弹性纤维。中膜无营养血管。

3. 外膜

外膜较厚，由结缔组织构成，内含胶原纤维束和弹性纤维。中膜与外膜交界处有明显的外弹性膜。外膜内含有营养血管、淋巴管和神经纤维束等。

（三）小动脉

通常将管径为 0.3 ～ 1.0mm 的动脉称为小动脉（small artery），其也属于肌性动脉，分布于器官或者组织内，肉眼不易分辨。小动脉内膜很薄，较大的小动脉可有明显的内弹性膜。中膜由数层环行的平滑肌细胞构成。外膜的结缔组织与周围结缔组织延续，一般无外弹性膜（图 10-3）。

（四）微动脉

管径在 0.3mm 以下的动脉称为微动脉（arteriole），是最小的动脉。微动脉

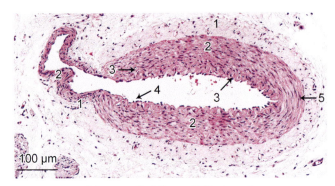

图 10-3　小动脉 HE 染色（20×）

1：外膜；2：中膜；3：内弹性膜；4：内膜；5：平滑肌

Fig 10-3　Small artery HE staining (20×)

1: adventitia; 2: tunica media; 3: internal elastic membrane; 4: tunica intima; 5: smooth muscle

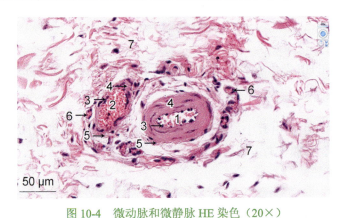

图 10-4　微动脉和微静脉 HE 染色（20×）

1：微动脉；2：微静脉；3：内膜；4：平滑肌；5：外膜；6：毛细血管；7：结缔组织

Fig 10-4　Arteriole and venule thyroid gland HE staining (20×)

1: arteriole; 2: venule; 3: tunica intima; 4: smooth muscle; 5: adventitia; 6: capillary; 7: connective tissue

结构简单，管壁极薄，只能在显微镜下才能分辨。内膜由内皮和极薄的结缔组织构成，内弹性膜消失。中膜由 1 ～ 2 层环行平滑肌细胞构成（图 10-4）。外膜结缔组织很薄。

三、毛细血管

毛细血管（capillary）一般位于动、静脉之间，是管径最小、管壁最薄、分支最多、分布最广的血管。在各组织、细胞间毛细血管相互连接成网。代谢旺盛的组织器官，如心、肝、肾和一些腺体，毛细血管网稠密；代谢水平低的组织和器官，如骨、肌腱、韧带等，毛细血管网稀疏。

（一）毛细血管的结构

毛细血管结构简单，由一层内皮细胞和基膜组成，基膜外有少量结缔组织和周细胞（pericyte）。最细的毛细血管横切面仅由 1 个内皮细胞围成，较粗的毛细血管由 2 ～ 3 个内皮细胞围成（图 10-5）。

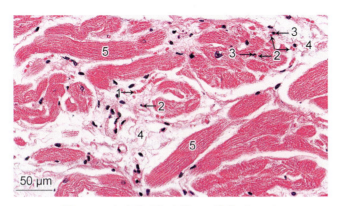

图 10-5　心房的毛细血管 HE 染色（40×）
1：毛细血管纵切面；2：毛细血管横切面；3：内皮细胞核；4：结缔组织；5：心肌细胞纵切面
Fig 10-5　Capillary atrium of cordis HE staining (40×)
1: longitudinal section of capillary; 2: transverse section of capillary; 3: endothelial cell nucleus; 4. connective tissue;
5: longitudinal section of cardiac muscle cell

毛细血管内皮为单层扁平上皮，含细胞核部分略隆起，周边很薄。
基膜很薄，位于内皮细胞的外侧，主要起支持作用。

（二）毛细血管的分类

在光镜下，HE 染色标本中各组织和器官中的毛细血管相似。但在电镜下观察，其内皮细胞和基膜的结构有所不同，可将其分为 3 种类型。

1. 连续毛细血管

连续毛细血管（continuous capillary）的特点是内皮细胞较薄且无孔，内皮细胞间紧密连接，基膜完整。内皮细胞内有许多质膜小泡。连续毛细血管主要分布于结缔组织、皮肤、性腺等处。

2. 有孔毛细血管

有孔毛细血管（fenestrated capillary）内皮细胞连续，基膜完整。其特点是内皮细胞不含核部分很薄，有许多贯穿细胞全层的圆形或椭圆形小孔。有孔毛细血管主要分布于肾血管球、胃肠黏膜、脉络丛等部位。

3. 不连续毛细血管

不连续毛细血管（discontinuous capillary）又称血窦（sinusoid）或窦状毛细血管（sinusoid capillary）。在光镜下，血窦管壁很薄，管腔大且形状不规则，粗细不等，在不同器官内，血窦在结构上的差异很大。特点是相邻内皮细胞之间有较大的间隙。窦状毛细血管主要分布于脾、淋巴结、肝、红骨髓及某些内分泌腺。

四、静脉

静脉由毛细血管汇合移行而来，是将血液运回心脏的管道。静脉依管径大小可分大静脉、中静脉、小静脉、微静脉 4 种类型。静脉管壁由内膜、中膜、外膜 3 层构成，分界常不太清楚。与相伴行的同级动脉相比，静脉有如下共同特点，即管腔大、管壁薄，故在切片标本上静脉管壁常塌陷，管腔变扁或呈不规则形，腔内常有血液潴留；静脉管壁外膜较中膜厚，管壁内平滑肌和弹性纤维少，结缔组织多；较大的静脉腔内常有静脉瓣。

（一）微静脉

微静脉（venule）由毛细血管汇合而成，管腔不规则，内皮外的平滑肌细胞或有或无，外膜薄（图 10-6）。

（二）小静脉

小静脉（small vein）由微静脉汇合而成，为管径 0.2 ～ 1mm 的静脉，中膜有 1 层至多层松散的平滑肌细胞，外膜逐渐变厚（图 10-7）。

（三）中静脉

中静脉（medium-sized vein）由小静脉汇合而成，为管径 1 ～ 10mm 的静脉，

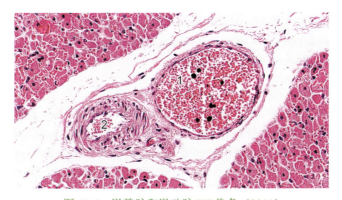

图 10-6　微静脉和微动脉 HE 染色（20×）

1：微静脉；2：微动脉

Fig 10-6　Venule and arteriole HE staining (20×)

1: venule; 2: arteriole

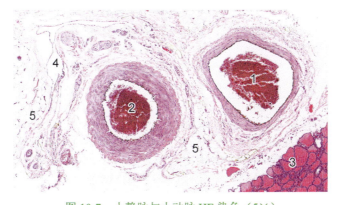

图 10-7　小静脉与小动脉 HE 染色（5×）

1：小静脉；2：小动脉；3：甲状腺；4：淋巴管；5：脂肪组织

Fig 10-7　Small vein and small artery HE staining (5×)

1: small vein; 2: small artery; 3: thyroid gland; 4: lymphatic vessel; 5: adipose tissue

除大静脉外，解剖学命名的静脉多属中静脉。中静脉内膜较薄，内弹性膜不明显（图 10-8）。其中膜比相伴行的中动脉薄很多，平滑肌细胞层数少，排列疏松，其间夹有胶原纤维和弹性纤维等。外膜比中膜厚，由疏松结缔组织组成，无外弹性膜，有的可见少量纵行平滑肌束。

（四）大静脉

大静脉（large vein）由中静脉汇合而成，管径 10mm 以上，前腔静脉、后腔静脉、颈静脉、无名静脉和锁骨下静脉均属大静脉。大静脉内膜很薄，没有内弹性膜，中膜不发达，只有几层排列疏松的环行平滑肌，有的甚至没有平滑肌。外膜很厚，结缔组织内含有较多纵行的平滑肌细胞束。

管径在2mm以上的大静脉常有瓣膜，称为静脉瓣（valve of vein）（图10-9）。静脉瓣由内膜向管腔凸入形成的皱褶，为两片彼此相对的半月形薄膜。静脉瓣表面衬有内皮，中间为含弹性纤维的结缔组织。静脉瓣的游离面与血流方向一致，能阻止血液逆流。四肢静脉的瓣膜较多，胸腹部的静脉大多没有瓣膜。

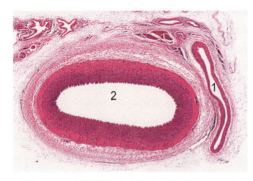 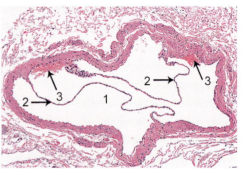

图 10-8　中静脉和中动脉 HE 染色（2.5×）
1：中静脉；2：中动脉
Fig 10-8　Medium-sized vein and medium-sized artery HE staining (2.5×)
1: medium-sized vein; 2: medium-sized artery

图 10-9　静脉瓣 HE 染色（5×）
1：静脉；2：静脉瓣；3：红细胞
Fig 10-9　Valve of vein HE staining (5×)
1: vein; 2: valve of vein; 3: erythrocyte

五、心脏

心脏（heart）为中空扁圆锥形的肌性器官，是心血管系统的动力装置。

（一）心壁的结构

麋鹿的心壁主要由心肌组成。心壁可分心内膜、心肌膜和心外膜3层（图10-10）。

1.心内膜

心内膜（endocardium）为心壁的最内层，由内向外又可分为内皮、内皮下层和心内膜下层。内皮为单层扁平上皮，与出入心脏的血管内皮相连续。内皮下

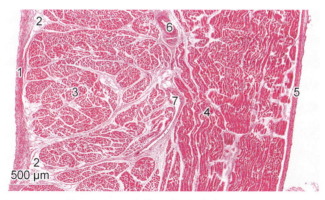

图 10-10　心房的心壁 HE 染色（5×）

1：心外膜；2：脂肪组织；3：心肌膜心肌（横切面）；4：心肌膜心肌（纵切面）；5：心内膜；6：动脉；7：静脉

Fig 10-10 Heart wall of auricle HE staining (5×)

1: epicardium; 2: adipose tissue; 3: cardiac muscle of the myocardium (transverse section); 4: cardiac muscle of the myocardium (longitudinal section); 5: endocardium; 6: artery; 7: vein

方为内皮下层，为薄层疏松结缔组织，含少量平滑肌。心内膜下层由疏松结缔组织构成，与心肌膜相连，其中含小血管、神经纤维束。在心室的心内膜下层还含有浦肯野纤维（Purkinje fiber）。浦肯野纤维横切面比心肌纤维粗大，细胞核圆形，位置居中，细胞质丰富，着色很淡（图 10-11）。

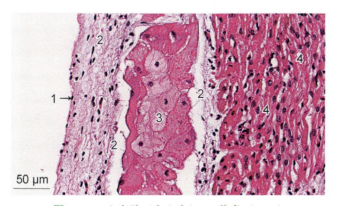

图 10-11　心室壁（左心室）HE 染色（40×）

1：内皮；2：心内膜；3：浦肯野纤维；4：心肌膜

Fig 10-11　Ventricular wall (left ventricle) HE staining (40×)

1: endothelium; 2: endocardium; 3: Purkinje fiber; 4: myocardium

2. 心肌膜

心肌膜（myocardium）是心壁中最厚的一层，主要由心肌纤维构成（图 10-

12）。心室肌层较心房肌层厚，左心室肌层最厚。心室的心肌纤维呈螺旋状分层排列，大致可分为内纵肌、中环肌、外斜肌3层。心肌纤维多集合成束，肌束间有较多的结缔组织和丰富的毛细血管（图10-13）。心室的肌纤维粗长，有分支，横小管较多；心房的心肌膜较薄，肌纤维较细短，无分支，横小管很少。近年研究证明，心肌还能分泌其他多种生物活性物质。

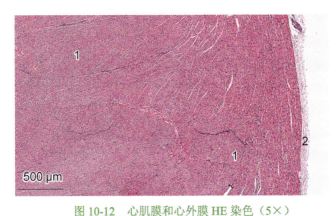

图 10-12　心肌膜和心外膜 HE 染色（5×）

1：心肌膜；2：心外膜

Fig 10-12　Myocardium and epicardium HE staining (5×)

1: myocardium; 2: epicardium

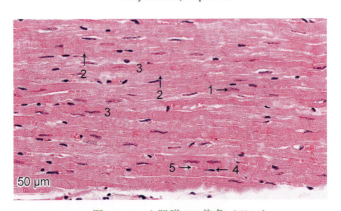

图 10-13　心肌膜 HE 染色（40×）

1：细胞核；2：闰盘；3：心肌细胞纵切面；4：内皮细胞核；5：毛细血管纵切面

Fig 10-13　Myocardium HE staining (40×)

1: nucleus; 2: intercalated disk; 3: longitudinal section of cardiac muscle cell; 4: endothelial cell nucleus;
5: longitudinal section of capillary

3. 心外膜

心外膜（epicardium）即心包脏层，属浆膜。外表面是间皮，深面为结缔组织，

图 10-14　心外膜（左心室）HE 染色（20×）

1：心外膜；2：心肌膜；3：神经纤维束；4：血管；5：脂肪组织

Fig 10-14　Epicardium (left ventricle) HE staining (20×)

1: epicardium; 2: myocardium; 3: nerve tract; 4: blood vessel; 5: adipose tissue

较厚，内含血管、神经纤维束、神经节及脂肪组织（图 10-14）。

在心房与心室的交界处，有由致密结缔组织环绕房室口周围排列形成的纤维环，成为心脏支架的结构，称为心骨（cardial bone）（图 10-15）。心室和心房的心肌分别附着于纤维环的下面与上面，并不直接相连。老年麋鹿的心骨坚硬。

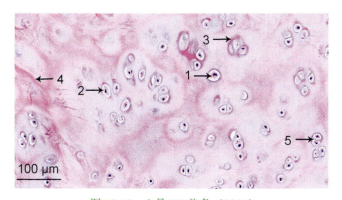

图 10-15　心骨 HE 染色（20×）

1：双核软骨细胞；2：软骨细胞；3：软骨囊；4：胶原纤维；5：同源细胞群

Fig 10-15　Cardial bone HE staining (20×)

1: binuclear chondrocyte; 2: chondrocyte; 3: cartilage capsule; 4: collagenous fiber; 5: isogenous group

在心脏的房室口和动脉口处由心内膜向心腔内突出，形成片状皱褶，称为心瓣膜。心瓣膜表面被覆内皮，中间为致密结缔组织，也固着于纤维环上。

（二）心脏的传导系统

麋鹿的心壁内有由特殊心肌纤维组成的传导系统，其功能是产生冲动并传导至整个心脏，使心房和心室按照一定的节律进行收缩。这些心肌纤维聚集成结或者束，包括窦房结、房室结、房室束及其分支，以及到乳头肌和左、右心室壁的许多细支即浦肯野纤维。窦房结位于右心房前腔静脉入口处，右心房的心外膜深部，其余分布于心内膜下层。近年来研究认为，组成传导系统的特殊心肌细胞有3种，即起搏细胞、移行细胞和浦肯野细胞（束细胞）。

1. 起搏细胞

起搏细胞（pacemaker cell）简称 P 细胞，在窦房结的中央，数量较多，房室结中也有少量。细胞呈梭形或多边形，细胞核大，卵圆形（图 10-16）。

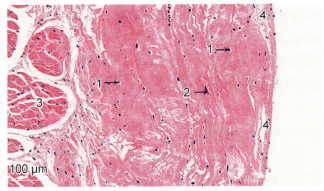

图 10-16　窦房结 HE 染色（20×）
1：起搏细胞；2：移行细胞；3：心肌膜；4：心内膜
Fig 10-16　Sinoatrial node HE staining（20×）
1: pacemaker cell; 2: transitional cell; 3: myocardium; 4: endocardium

2. 移行细胞

移行细胞（transitional cell）又称 T 细胞，位于窦房结和房室结以及周边，细胞呈细长形，比心肌细胞细而短，细胞核呈椭圆形，细胞质内肌丝较多，细胞质嗜酸性呈淡红色。

3. 浦肯野细胞

浦肯野细胞（Purkinje cell）又称浦肯野纤维，或束细胞（bundle cell），组成房室束及其分支，为传导系统的终末分支（图 10-17）。其分布于心内膜下层和乳头肌表面。在光镜下观察束细胞的纵切面，它比一般心肌纤维粗、短，中央有 1～2 个细胞核，核周细胞质多，染色浅。其横切面比普通心肌纤维粗大，细胞核呈圆形或椭圆形，核周细胞质多，着色浅，呈空白状。

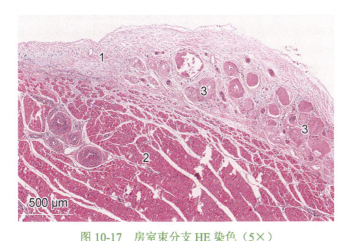

图 10-17　房室束分支 HE 染色（5×）

1：心内膜；2：心肌膜；3：浦肯野纤维

Fig 10-17　Atrioventricular bundle branch HE staining（5×）

1: endocardium; 2: myocardium; 3: Purkinje fiber

六、淋巴管系统

淋巴管系统包括毛细淋巴管、淋巴管和淋巴导管。毛细淋巴管以盲端起始于组织间隙，逐渐汇集成一系列由小至大的淋巴管。

（一）毛细淋巴管

体内大多数器官都有毛细淋巴管（lymphatic capillary），以盲端起始于组织间隙，腔大而不规则，分支相互吻合成网。其管壁很薄，构造与毛细血管相似，主要由内皮和极薄的结缔组织组成，无周细胞，基膜不完整，通透性大。

（二）淋巴管

由毛细淋巴管汇集形成各级淋巴管（lymphatic vessel）。淋巴管的组织结构与静脉相似，管壁由内皮、少量平滑肌和结缔组织构成，但管径更大，管壁更薄。管壁有更多瓣膜（图 10-18）。

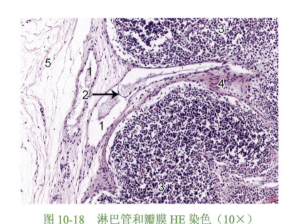

图 10-18　淋巴管和瓣膜 HE 染色（10×）

1：淋巴管；2：瓣膜；3：淋巴结；4：小梁；5：结缔组织

Fig 10-18　Lymphatic vessel and valve HE staining (10×)

1: lymphatic vessel; 2: valve; 3: lymph node; 4: trabecular; 5: connective tissue

（三）淋巴导管

最大的淋巴管称为淋巴导管（lymphatic duct），其构造近似大静脉，但管壁更薄，3 层膜分界不明显，中膜有一层至数层排列松散的平滑肌纤维，外膜中的平滑肌束很少。其包括右淋巴导管和胸导管。

本章撰写人员：钟震宇、郭青云

第十一章

消 化 系 统

消化系统（digestive system）包括消化管（digestive tract）和消化腺（digestive gland）两部分。消化管是一条粗细不均的连续的肌性管道，两端开口与外界相通，包括口腔、咽、食管、胃、小肠、大肠、肛门等部分。消化腺分为壁内腺和壁外腺两种，壁内腺是位于管壁内由上皮内陷形成的小型消化腺，如胃腺、肠腺、食管腺等；壁外腺则是位于消化管壁外独立的实质性器官，如腮腺、肝脏和胰腺。

一、消化管

（一）消化管的一般构造

消化管每段的形态与功能各有特点，但结构大体相似，除口腔和咽外，管壁均可分为黏膜、黏膜下层、肌层、外膜 4 层（图 11-1）。

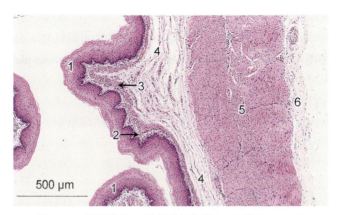

图 11-1　消化管的一般结构（食管）HE 染色（5×）
1：黏膜上皮；2：固有层；3：黏膜肌层；4：黏膜下层；5：肌层；6：外膜
Fig11-1　General structures of digestive tract (esophagus) HE staining (5×)
1: epithelium mucosa; 2: lamina propria; 3: muscularis mucosa; 4: submucosa; 5: muscle layer; 6: adventitia

1. 黏膜

黏膜（mucosa）位于消化管最内层，是消化管结构差异最大的部位，由上皮、固有层和黏膜肌层组成。

1）上皮

上皮（epithelium）在口腔、咽、食管、前胃、肛门部为复层扁平上皮，在其他部分为单层柱状上皮。

2）固有层

固有层（lamina propria）为疏松结缔组织，内含丰富的毛细血管、毛细淋巴管、淋巴组织、神经及散在平滑肌纤维等，胃肠的固有层中还有大量腺体和丰富的淋巴组织分布。

3）黏膜肌层

黏膜肌层（muscularis mucosa）是在固有层下方的薄层平滑肌，通常为内环行、外纵行两层。

2. 黏膜下层

黏膜下层（submucosa）由疏松结缔组织构成，含较大的血管、淋巴管、神经纤维，以及淋巴组织和散在的黏膜下神经丛（submucosal nervous plexus），食管腺和十二指肠腺也分布在此层。

3. 肌层

肌层（muscle layer）分布在黏膜下层外周。除食管前端和肛门处由横纹肌构成以外，其余部分为平滑肌。肌纤维的排列通常分为内环行、外纵行两层，在胃还有内斜行肌层，肌层内还有肌间神经丛（myenteric nervous plexus）分布。

4. 外膜

外膜（adventitia）为消化管的最外层，为薄层结缔组织，表面若覆盖一层间皮，称为浆膜（serosa），无间皮者称为外膜。

（二）口腔

口腔（oral cavity）是消化道的起始部分，由唇（前壁）、颊（侧壁）、腭（顶部）以及底部的黏膜和肌等结构围成，腔内有牙、舌等器官。口腔前方通过口裂与外界相通，后经咽峡与咽相续。

1. 口腔黏膜

口腔黏膜（oral mucosa）由上皮和固有层组成。上皮为复层扁平上皮，有不同程度的角化。固有层为结缔组织，内含丰富的毛细血管以及一些弥散的小唾液腺。固有层深面是骨骼肌（如颊肌等），无黏膜肌层。

2. 舌

舌（tongue）是狭长的肌性器官，由表层的黏膜和深层的舌肌构成（图 11-2）。舌黏膜由角化的复层扁平上皮和固有层结缔组织构成。舌腹面黏膜薄而平滑，舌背面黏膜表面粗糙。固有层结缔组织和上皮凸向表面，形成大小不一、形态不同的乳头状隆起。在舌根部附近的固有层内还分布有舌腺，舌根背侧固有层内还分布有舌扁桃体。

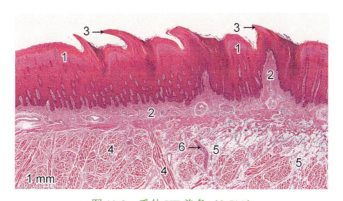

图 11-2 舌体 HE 染色（2.5×）

1：黏膜上皮；2：固有层；3：舌乳头；4：舌肌；5：脂肪组织；6：神经纤维

Fig11-2 Tongue body HE staining (2.5×)

1: epithelium mucosa; 2: lamina propria; 3: lingual papilla; 4: muscle of tongue; 5: adipose tissue; 6: nerve fiber

1）舌乳头

舌背面黏膜凸向口腔面形成许多小突起，称为舌乳头（lingual papilla），乳头由深部的结缔组织和覆盖于表面的角化的复层扁平上皮构成。麋鹿共有 4 种乳头，即丝状乳头、菌状乳头、轮廓乳头和圆锥乳头。

a）丝状乳头

丝状乳头（filiform papilla）数量最多，遍布舌体背面。乳头呈丝状，高度角化，无味蕾。

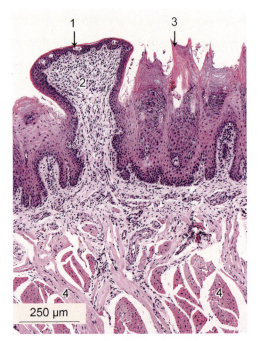

图 11-3　菌状乳头 HE 染色（10×）

1：味蕾；2：菌状乳头；3：丝状乳头；4：舌肌

Fig11-3　Fungiform papilla HE staining (10×)

1: taste bud; 2: fungiform papilla; 3: filiform papilla;
4: muscle of tongue

b）菌状乳头

菌状乳头（fungiform papilla）散在于舌尖和舌体两侧，分散于丝状乳头中间，乳头较大，呈蘑菇盖状（图 11-3）。乳头表面平滑，上皮为未角化的复层扁平上皮，上皮内有味蕾，固有层结缔组织内富含毛细血管，故整个乳头略显红色。

c）轮廓乳头

轮廓乳头（circumvallate papilla）体积最大，位于舌体和舌根交界处，舌圆枕两侧缘。轮廓乳头比菌状乳头稍大，顶端平，上皮不角化，乳头周围的黏膜深陷形成环沟，每个乳头的侧壁上皮内有较多味蕾（图 11-4）。

d）圆锥乳头

圆锥乳头（conical papilla）位于舌基底部以及颊部的黏膜上，乳头顶端和侧面上皮高度角化，无味蕾（图 11-5）。

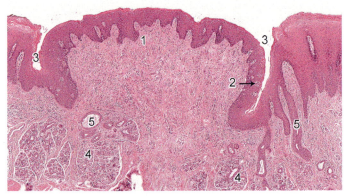

图 11-4　轮廓乳头 HE 染色（5×）

1：轮廓乳头；2：味蕾；3：环沟；4：舌腺；5：导管

Fig11-4　Circumvallate papilla HE staining (5×)

1: circumvallate papilla; 2: taste bud; 3: circular groove; 4: lingual gland; 5: duct

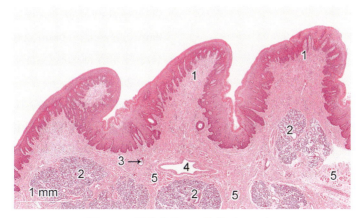

图 11-5　圆锥乳头 HE 染色（2.5×）

1：圆锥乳头；2：舌腺；3：导管；4：血管；5：舌肌（骨骼肌）

Fig11-5　Conical papilla HE staining (2.5×)

1: conical papilla; 2: lingual gland; 3: duct; 4: blood vessel; 5: muscle of tongue (skeletal muscle)

味蕾（taste bud）是一种味觉感受器，主要位于菌状乳头和轮廓乳头，为卵圆形小体，顶部有味孔（gustatory pore）。味蕾由味细胞、支持细胞和基细胞构成（图 11-6）。在 HE 染色标本中，在光镜下可分辨味蕾内有支持细胞（sustentacular cell）和味细胞（taste cell）2 种类型。支持细胞染色较深，呈狭长的梭形，位于味蕾的周边部以及味细胞之间。味细胞染色较浅，也呈长梭形，位于味蕾中央，胞体较宽，细胞核椭圆形，位于细胞的中央，着色浅。细胞的游离面有许多

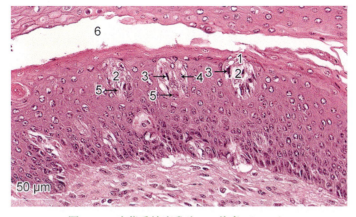

图 11-6　味蕾舌轮廓乳头 HE 染色（40×）

1：味孔；2：味蕾；3：味细胞（明细胞）；4：支持细胞（暗细胞）；5：基细胞；6：环沟

Fig11-6　Taste bud circumvallate papilla HE staining (40×)

1: taste pore; 2: taste bud; 3: gustatory cell (light cell); 4: sustentacular cell (dark cell); 5: basal cell; 6: circular groove

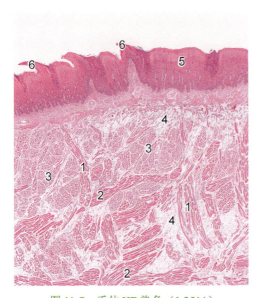

图 11-7　舌体 HE 染色（1.25×）

1：垂直肌；2：纵行肌；3：横行肌；4：脂肪组织；
5：黏膜上皮；6：舌乳头

Fig11-7　Tongue HE staining（1.25×）

1: vertical muscle; 2: longitudinal muscle; 3: transverse
muscle; 4: adipose tissue; 5: epithelium mucosa;
6: lingual papilla

伸入味孔的微绒毛，称为味毛（taste hair）。基细胞（basal cell）呈锥体形，位于味蕾深部的基膜上，较小。

2）舌肌

舌肌位于黏膜深层，为纵行、横行和垂直行的骨骼肌纤维，肌纤维束粗细不等，交织排列（图 11-7）。

3. 齿

麋鹿的恒齿按形态、位置和功能分为切齿（门牙）、犬齿和臼齿（磨牙）。麋鹿无上门牙，为切齿板，下切齿齿冠扁宽。犬齿退化，唇外不可见，下犬齿切齿化，紧密排列于外侧。臼齿发达，为新月形齿，齿嵴发达。

每个齿分为 3 部分，露出齿龈外面的部分称为齿冠（anatomical crown），埋在齿槽骨内的称为齿根（tooth root），两者交界处为齿颈（neck of tooth），齿中央为齿髓腔。齿的基本结构均由釉质（enamel）、齿本质（dentine）和齿骨质（cementum）构成。釉质覆盖在齿冠部齿本质的表面，是体内最坚硬的组织。齿髓腔填充的齿髓（dental pulp）是疏松结缔组织，含丰富的血管、神经和淋巴管。

（三）咽和食管

1. 咽

咽（pharynx）为肌性器官，前接口腔和鼻腔，是消化道与呼吸道的共同通道，由黏膜、肌层和外膜构成。咽部的上皮为复层扁平上皮，近鼻部主要为假复层纤毛柱状上皮。固有层结缔组织中有混合腺以及扁桃体。肌层为骨骼肌，肌纤维交叉排列。外膜为疏松结缔组织，与周围器官的结缔组织相连续。

2. 食管

食管（esophagus）由黏膜、黏膜下层、肌层和外膜 4 层构成（图 11-8）。

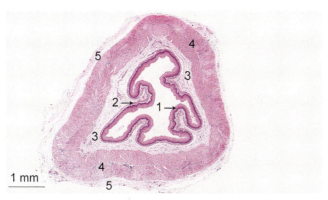

图 11-8　食管 HE 染色（1×）
1：黏膜；2：黏膜肌层；3：黏膜下层；4：肌层；5：外膜
Fig11-8　Esophagus HE staining（1×）
1: mucosa; 2: muscularis mucosa; 3: submucosa; 4: muscular layer; 5: adventitia

1）黏膜

黏膜上皮为角化程度低的复层扁平上皮，而以草食性为主的麋鹿食管的黏膜上皮角化较明显。固有层为较致密结缔组织，黏膜肌层为一些分散的纵行平滑肌纤维束，横切面呈不连续的团块状。

2）黏膜下层

黏膜下层为较发达的疏松结缔组织，有丰富小血管、小淋巴管分布。常态下黏膜和黏膜下层向腔面形成 5～8 个纵行皱襞，食物通过时，皱襞消失。食管下段黏膜下层可见食管腺（esophageal gland），为混合腺。

3）肌层和外膜

食管前部为骨骼肌，与其快速运送食物的功能适应，向后由骨骼肌逐渐过渡为平滑肌，肌纤维排列为内环行、外纵行两层，分界较明显。其中内环肌较厚，外纵肌较薄。外膜为纤维膜，外膜结缔组织中可见单泡脂肪细胞和多泡脂肪细胞共存。

（四）胃

胃（stomach）是位于食管和小肠之间的囊状器官，可贮存食物，并有初步消化功能。胃壁从内向外由黏膜、黏膜下层、肌层和浆膜 4 层构成。

1. 瘤胃

瘤胃胃壁由黏膜、黏膜下层、肌层和浆膜构成，黏膜内无胃腺（图 11-9）。

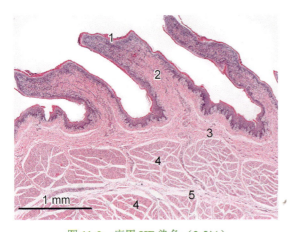

图 11-9　瘤胃 HE 染色（2.5×）

1：角化复层扁平上皮；2：固有层；3：黏膜下层；4：肌层；
5：结缔组织

Fig11-9　Rumen HE staining (2.5×)

1: keratinized stratified squamous epithelium; 2: lamina propria;
3: submucosa; 4: muscular layer; 5: connective tissue

瘤胃黏膜表面形成许多大小不等的圆锥状、叶状乳头，乳头的高矮与所在部位、年龄以及食物有关，腹囊、盲囊和瘤胃房的乳头最发达。黏膜下层薄，含有淋巴组织。肌层发达，分内环行和外斜行两层平滑肌。浆膜在最外层，内含有丰富的脂肪细胞、血管、神经以及淋巴管。乳头的中央部分为固有层，表面为角质化的复层扁平上皮，固有层为致密结缔组织，富含有孔毛细血管。

2. 网胃

网胃的胃壁黏膜结构与瘤胃相似，由黏膜、黏膜下层、肌层和浆膜构成，黏膜内无胃腺（图 11-10）。网胃黏膜表面形成许多永久性彼此吻合的皱襞，外观形如蜂窝状。黏膜表面有许多细小的锥状角质乳头。黏膜上皮为角化的复层扁平上皮。黏膜下层由胶原纤维和弹性纤维构成。肌层为内环行、外纵行两层平滑肌。浆膜在最外层，内含有丰富的脂肪细胞、血管、神经以及淋巴管。

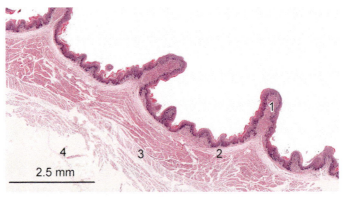

图 11-10　网胃 HE 染色（1.25×）

1：黏膜；2：黏膜下层；3：肌层；4：浆膜

Fig11-10　Reticulum HE staining (1.25×)

1: mucosa; 2: submucosa; 3: muscle layer; 4: serosa

3. 瓣胃

　　瓣胃胃壁黏膜结构与瘤胃、网胃相似，但肌层更厚。黏膜内亦无胃腺（图 11-11）。瓣胃的整个黏膜层形成约 100 片相互平行的纵行皱襞，称为瓣叶。瓣叶两面布满短小粗糙的角质乳头。黏膜下层薄，由胶原纤维和弹性纤维构成。肌层为内环行、外纵行两层平滑肌。浆膜在最外层，内含有丰富的脂肪细胞、血管、神经以及淋巴管。瓣叶内有固有层、黏膜肌层和黏膜下层。

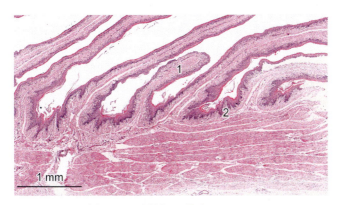

图 11-11　瓣胃 HE 染色（2.5×）
1：瓣叶；2：角质乳头
Fig11-11　Omasum HE staining (2.5×)
1: leaflet; 2: cuticular nipple

4. 皱胃

　　皱胃的组织结构与单室胃的有腺部相似，胃壁亦由黏膜、黏膜下层、肌层和浆膜构成。

　　1）黏膜

　　胃黏膜由上皮、固有层和黏膜肌层构成，特征是含有大量的胃腺，胃黏膜表面布满着小凹陷，称为胃小凹（gastric pit），它是胃腺的开口。黏膜上皮为单层柱状上皮，上皮延伸至胃小凹，并与胃底腺上皮相连续（图 11-12）。胃的柱状上皮主要由黏液细胞（mucous cell）组成，光镜下细胞呈柱状，细胞核椭圆形，位于细胞基部。黏液细胞能分泌黏多糖，在上皮表面形成一层不溶性的黏液膜。

　　固有层位于上皮的深面，较厚，由大量紧密排列的胃腺和少量疏松结缔组织及一些散在的平滑肌纤维组成。固有层中的胃腺有 3 种，即胃底腺、贲门腺和

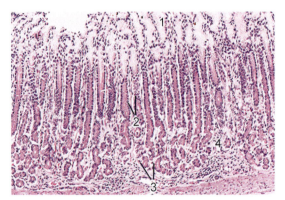

图 11-12 皱胃 HE 染色（20×）
1：胃小凹；2：主细胞；3：壁细胞；4：胃底腺
Fig11-12 Abomasum HE staining (20×)
1: gastric pit; 2: chief cell; 3: parietal cell; 4: fundic gland

幽门腺。胃底腺区的黏膜有皱襞，胃底腺短而密；贲门腺区很小；幽门腺区较大。

a）胃底腺

胃底腺（fundic gland）是分布于胃底部的单管状腺或分支管状腺，主要由主细胞、壁细胞、颈黏液细胞、内分泌细胞和未分化细胞等构成。每个胃底腺可分为颈部、体部和底部。颈部与胃小凹相连，体部较长，底部稍膨大且略弯并延伸至黏膜肌层。

主细胞（chief cell）可分泌胃蛋白酶原，又称胃酶细胞（zymogenic cell），数量最多，成堆分布，主要分布于胃底腺的体部和底部。细胞呈锥体形或柱状，细胞核圆形，位于细胞基部。基部细胞质呈强嗜碱性，顶部含大量圆形分泌颗粒（酶原颗粒），在 HE 染色标本中细胞顶部呈泡沫状。幼鹿胃底腺主细胞还分泌凝乳酶。

壁细胞（parietal cell）因分泌盐酸又称泌酸细胞（oxyntic cell），壁细胞主要分布于腺的颈部和体部，腺底部较少。壁细胞多呈锥形和圆形。壁细胞体积较大，细胞质强嗜酸性，HE 染色呈鲜红色。细胞核圆形，深染，位于细胞中央，有时可见双核。

颈黏液细胞（mucous neck cell）数量很少，主要位于腺颈部。细胞呈立方形，夹在壁细胞之间，细胞核扁圆，染色深，位于细胞基底部，底部细胞质嗜碱性，顶部充满黏原颗粒，在 HE 染色标本中细胞顶部亦呈空泡状。

内分泌细胞（endocrine cell）散在地分布于主细胞和壁细胞之间，细胞基底部的细胞质中含有许多分泌颗粒。细胞呈柱状，分泌黏液。

b）贲门腺

贲门腺（cardiac gland）为弯曲的分支管状腺，位于贲门部。腺细胞呈立方形和柱状。

c）幽门腺

幽门腺（yloric gland）为高度弯曲的分支管状腺，分布于幽门部。腺细胞呈柱状，细胞质淡染，细胞核扁圆，位于基部。

黏膜肌层由平滑肌构成，肌纤维的排列通常是内环行、外纵行。内环行部分平滑肌纤维伸入到固有层胃腺之间，平滑肌收缩有助于腺分泌物排出。

2）黏膜下层

黏膜下层由疏松结缔组织构成，内有淋巴细胞、肥大细胞以及较大的血管、淋巴管和黏膜下神经丛。

3）肌层

肌层较厚，通常由内斜行、中环行与外纵行 3 层平滑肌组成，各层之间有少量结缔组织和肌间神经丛。

4）浆膜

最外层为浆膜，由薄层结缔组织和间皮构成。

（五）小肠

麋鹿的小肠（small intestine）全长可达 1500cm，分为十二指肠、空肠和回肠 3 段，是消化和吸收食物中养分的主要部位。小肠管壁由黏膜、黏膜下层、肌层和浆膜 4 层构成。

1. 黏膜

黏膜由上皮、固有层和黏膜肌层构成。小肠的结构特征是有环行皱襞、肠绒毛和微绒毛（图 11-13）。环行皱襞由黏膜和黏膜下层一起突入肠腔形成。麋鹿皱襞内的黏膜下层为致密结缔组织，皱襞不会因肠腔充盈而消失。肠绒毛（intestinal villus）是黏膜表面许多由上皮和固有层共同向肠腔突出而成的细小突起。十二指肠肠绒毛多为指状，较为细长；空肠肠绒毛呈圆柱状，回肠肠绒毛呈低矮锥体形。微绒毛是黏膜

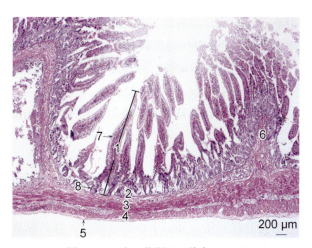

图 11-13　十二指肠 HE 染色（4×）

1：黏膜；2：黏膜下层；3：内环行肌；4：外纵行肌；5：浆膜；
6：环行皱襞；7：肠绒毛；8：肠隐窝

Fig11-13　Duodenum HE staining（4×）

1: mucosa; 2: submucosa; 3: inter circular muscle; 4: outer longitudinal
muscle; 5: serosa; 6: plicae circulares; 7: intestinal villus;
8: intestinal crypt

上皮中柱状细胞游离面的细微突起。

1）上皮

麋鹿小肠黏膜上皮为单层柱状上皮，由吸收细胞、杯状细胞和少量内分泌细胞等构成。

（1）吸收细胞（absorptive cell）数量最多，呈柱状，也称柱状细胞，底部附于基膜上。细胞核呈椭圆形，位于基底部，细胞游离面有纹状缘，即由密集的微绒毛构成。在 HE 染色标本中，纹状缘着色较深。

（2）杯状细胞（goblet cell）散在分布于吸收细胞之间，数量较少，分泌黏液。细胞上端膨大，基部细，如高脚杯状。从十二指肠到回肠，杯状细胞逐渐增多。

（3）内分泌细胞散在于上皮细胞之间。细胞形态多样，细胞核多为圆形。

2）固有层

固有层为富含网状纤维的致密结缔组织，分布于肠腺之间，并构成绒毛的中轴。固有层内有淋巴组织及淋巴细胞、巨噬细胞、浆细胞和嗜酸性粒细胞等，十二指肠和空肠多为弥散淋巴组织与孤立淋巴小结。回肠为集合淋巴小结。

小肠腺（small intestinal gland）是绒毛根部的上皮向固有层下陷形成的单管状腺，开口于肠腔，又称为肠隐窝（intestinal crypt）。腺上皮由吸收细胞、杯状细胞、内分泌细胞、潘氏细胞和未分化细胞构成。潘氏细胞较大，呈锥体形，常三五个分布于肠腺底部。麋鹿的潘氏细胞较多，能分泌一些抗菌分子如防御素到小肠绒毛，有助于维持胃肠道屏障。未分化细胞是肠上皮的干细胞，位于肠腺的下半部，呈柱状，细胞质嗜碱性，在光镜下不易与吸收细胞区分。

3）黏膜肌层

黏膜肌层由内环行和外纵行两层平滑肌构成。

2. 黏膜下层

黏膜下层为疏松结缔组织，内含较大的血管、淋巴管、神经纤维以及淋巴组织。十二指肠黏膜下层分布有十二指肠腺（duodenal gland），为管状腺，其导管穿过黏膜肌层，开口于小肠腺底部。部分黏膜下层和黏膜层一起向肠腔内突出形成皱襞。

3. 肌层与浆膜

肌层由内环行、外纵行两层平滑肌组成，内层肌较厚，外层肌较薄。浆膜覆盖在肌层外，由结缔组织和间皮组成。

4. 小肠各段的结构特点

1）十二指肠

十二指肠（duodenum）绒毛较宽，呈叶状，数量多，皱襞最发达，杯状细胞较少（图11-14）。黏膜下层内含有丰富的十二指肠腺，腺上皮细胞呈柱状，细胞核扁圆形，位于细胞的基部。固有层和黏膜下层的淋巴组织较少，为弥散淋巴组织或孤立淋巴小结。

2）空肠

空肠（jejunum）是小肠最长的部分，前段空肠的环行皱襞典型，远端逐渐减少和变低，绒毛为指状，密集而细长，上皮内的杯状细胞逐渐增多（图11-15、图11-16）。肠腺较发达，黏膜下层内无腺体分布。固有层和黏膜下层的淋巴组织为弥散淋巴组织或孤立淋巴小结。

3）回肠

回肠（ileum）绒毛减少，上皮内的杯状细胞为小肠各段最多。在黏膜下层常可见集合淋巴小结，无肠腺（图11-17）。

（六）大肠

麋鹿的大肠（large intestine）全长 500～1000cm，包括盲肠、结肠和直肠 3 段。大肠黏膜无皱襞和肠绒毛，表面比较光滑；黏膜上皮杯状细胞

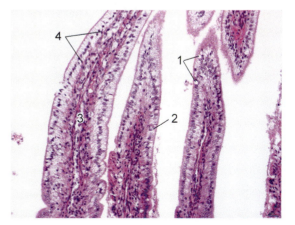

图 11-14　十二指肠肠绒毛 HE 染色（20×）
1：杯状细胞；2：柱状上皮细胞；3：中央乳糜管；
4：上皮内淋巴细胞
Fig11-14　Villus of duodenum HE staining (20×)
1: goblet cell; 2: columnar epithelial cell; 3: central lacteal;
4: intraepithelial lymphocyte

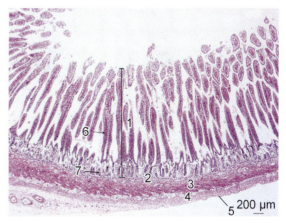

图 11-15　空肠 HE 染色（4×）
1：黏膜；2：黏膜下层；3：内环行肌；4：外纵行肌；
5：浆膜；6：肠绒毛；7：肠隐窝
Fig11-15　Jejunum HE staining (4×)
1: mucosa; 2: submucosa; 3: inter circular muscle; 4: outer
longitudinal muscle; 5: serosa; 6: intestinal villus;
7: intestinal crypt

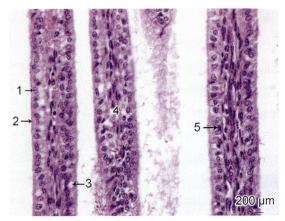

图 11-16　空肠肠绒毛 HE 染色（40×）
1：柱状上皮细胞；2：纹状缘；3：杯状细胞；4：固有层；5：上皮内淋巴细胞
Fig11-16　Villus of jejunum HE staining (40×)
1: columnar epithelial cell; 2: striated border; 3: goblet cell; 4: lamina propria; 5: intraepithelial lymphocyte

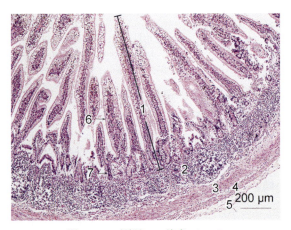

图 11-17　回肠 HE 染色（4×）
1：黏膜；2：黏膜下层；3：内环行肌；4：外纵行肌；5：浆膜；6：肠绒毛；7：肠隐窝
Fig 11-17　Ileum HE staining (4×)
1: mucosa; 2: submucosa; 3: inter circular muscle; 4: outer longitudinal muscle; 5: serosa; 6: intestinal villus; 7: intestinal crypt

较多，柱状细胞游离面不形成纹状缘（图 11-18）；大肠腺密集，长而直，杯状细胞特别多，无潘氏细胞；可见孤立淋巴小结，集合淋巴小结少；肌层发达；在肛门周围的固有层内有腺体。

1. 黏膜

上皮由单层柱状上皮和大量杯状细胞组成，柱状上皮表面的微绒毛不及小

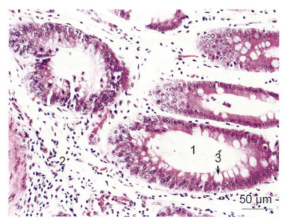

图 11-18　盲肠 HE 染色（40×）

1：肠腺；2：固有层；3：杯状细胞

Fig11-18　Cecum HE staining (40×)

1: intestinal gland; 2: lamina propria; 3: goblet cell

肠的发达，杯状细胞的数量向后逐渐增加，到远位结肠和直肠，几乎全由杯状细胞组成（图 11-19）。固有层内有大量上皮下陷形成的大肠腺，大肠腺呈直管状，较密集，含大量杯状细胞，还有少量未分化细胞和内分泌细胞，内分泌细胞的数量向尾侧逐渐减少。大肠中杯状细胞的形态与小肠中的无明显差别，但其分泌的黏液含有更多的酸性糖链，阿利新蓝染色呈强阳性。在固有层的结缔组织内还有散在的淋巴组织和孤立淋巴小结，并见许多浆细胞和巨噬细胞，黏膜肌层不如小肠的明显。直肠齿状线以上的黏膜结构与结肠相同，齿状线处单层柱状上皮骤变为未角化的复层扁平上皮，大肠腺消失，黏膜肌层随后逐渐消失。

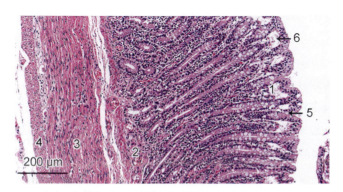

图 11-19　结肠 HE 染色（10×）

1：黏膜；2：黏膜下层；3：内环行肌；4：外纵行肌；5：杯状细胞；6：肠腺

Fig11-19　Colon HE staining (10×)

1: mucosa; 2: submucosa; 3: inter circular muscle; 4: outer longitudinal muscle; 5: goblet cell; 6: intestinal gland

2. 黏膜下层

黏膜下层为疏松结缔组织，不含腺体，有成群脂肪细胞，内有较大血管和淋巴管，以及神经纤维和黏膜下神经丛。直肠部黏膜下层还有丰富的静脉丛。

3. 肌层和外膜

肌层较厚，由内环行、外纵行两层平滑肌组成，盲肠和结肠的外纵肌形成 3 条纵肌带，在结肠纵肌带间的肠壁形成结肠袋。盲肠、结肠的外膜多为浆膜，直肠为纤维膜。

二、消化腺

消化腺分壁内腺和壁外腺两种。壁内腺位于消化管各段的管壁之中，如肠腺、食管腺和胃腺。壁外腺位于消化管外，如唾液腺、肝和胰腺，麋鹿没有胆囊。

（一）唾液腺

麋鹿的唾液腺（salivary gland）包括分布于唇、颊、腭的黏膜内的许多小唾液腺，以及腮腺、颌下腺和舌下腺 3 对大唾液腺。大唾液腺的表面都覆盖着薄层致密结缔组织被膜，被膜结缔组织深入腺内，把腺体分隔成若干小叶。腺实质由腺泡（acinus）和导管（duct）构成。

1. 腺泡

1）腮腺

麋鹿的腮腺（parotid gland）为混合腺，以浆液性腺泡为主，还有少量黏液性腺泡（图 11-20）。在 HE 染色标本中，腺细胞呈锥状，细胞核圆形，靠近细胞基部。标本中常见在一个黏液性腺泡的一侧附着数个浆液性细胞，称为浆半月（serous demilune）。

2）颌下腺

麋鹿的颌下腺（submaxillary gland）为混合腺，除黏液性腺泡外，还有少量浆液性腺泡（图 11-21）。浆液性腺泡的腺细胞呈锥状，细胞核扁平，着色深，位于基底部。

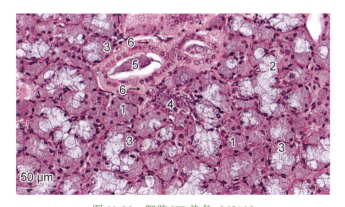

图 11-20　腮腺 HE 染色（40×）

1：浆液性腺泡；2：黏液性腺泡；3：浆半月；4：闰管；5：纹状管（分泌管）；6：基底纹

Fig 11-20　Parotid gland HE staining (40×)

1: serous acinus; 2: mucous acinus; 3: serous demilune; 4: intercalated duct; 5: striated duct (secretory duct); 6: basal striation

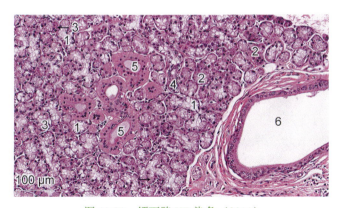

图 11-21　颌下腺 HE 染色（20×）

1：黏液性腺泡；2：浆液性腺泡；3：浆半月；4：闰管；5：纹状管（分泌管）；6：小叶间导管

Fig 11-21　Submaxillary gland HE staining (20×)

1: mucous acinus; 2: serous acinus; 3: serous demilune; 4: intercalated duct; 5: striated duct (secretory duct); 6: interlobular duct

3）舌下腺

舌下腺（sublingual gland）是以黏液性腺泡为主的混合腺（图 11-22）。腺体小叶界限不清，闰管和分泌管发达。HE 染色呈蓝色，腺泡大，排列较紧密，腺间结缔组织少（图 11-23）。

2. 导管

导管是腺泡的分泌物输送的上皮性管道，导管包括闰管、分泌管（纹状管）、小叶间导管和总导管等几段。

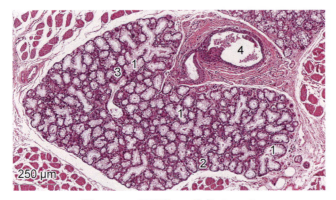

图 11-22　舌下腺 HE 染色（10×）
1：黏液性腺泡；2：浆液性腺泡；3：混合腺泡；4：小叶间导管
Fig 11-22　Sublingual gland HE staining (10×)
1: mucous acinus; 2: serous acinus; 3: mixed acinus; 4: interlobular duct

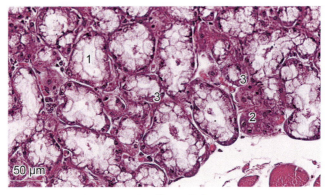

图 11-23　舌下腺 HE 染色（40×）
1：黏液性腺泡；2：浆液性腺泡；3：混合腺泡
Fig 11-23　Sublingual gland HE staining (40×)
1: mucous acinus; 2: serous acinus; 3: mixed acinus

1）闰管

闰管（intercalated duct）直接与腺泡相连，由单层立方上皮或单层扁平上皮围成，管道细而短，位于小叶内。

2）纹状管

纹状管（striated duct）是闰管的延续，管壁由单层柱状上皮构成，管腔较大，细胞质呈较强的嗜酸性，着深红色，细胞核圆形或椭圆形，位于细胞的顶部，细胞基部有纵纹，可分泌水与电解质，故又称分泌管。

3）小叶间导管和总导管

前者由分泌管汇合而成，行走在小叶间的结缔组织中（图 11-24），最后汇集成总导管。导管的管腔大，管壁上皮由单层柱状上皮随管腔增大逐渐移行为复层柱状上皮，开口处与口腔上皮连接。

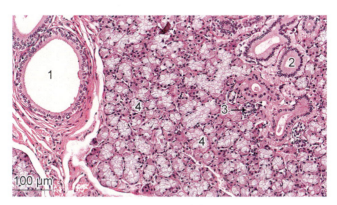

图 11-24　腮腺 HE 染色（20×）
1：小叶间导管；2：纹状管（分泌管）；3：闰管；4：腺泡
Fig 11-24　Parotid gland HE staining (20×)
1: interlobular duct; 2: striated duct (secretory duct); 3: intercalated duct; 4: acinus

（二）肝

肝（liver）是麋鹿体内最大的腺体。肝表面覆盖有致密结缔组织被膜，称为肝被膜（liver capsule），被膜表面大部分有浆膜覆盖。肝门处的结缔组织随门静脉、肝动脉和肝管的分支进入肝内，将肝实质分隔成许多肝小叶。

1. 肝小叶

肝小叶（hepatic lobule）是肝的基础结构和功能单位，呈多边形棱柱体，麋鹿的肝小叶间结缔组织少，分界不清。肝小叶的中央有一条纵贯长轴的中央静脉（central vein），外周是呈放射状排列的肝板和肝血窦（图 11-25）。肝血窦与中央静脉相通。

1）肝细胞

肝细胞（hepatocyte）呈多面体形，细胞排列成板层状，以中央静脉为中心向小叶边缘呈放射状排列。细胞体大，细胞质丰富，呈嗜酸性，HE 染色染成淡红色，细胞核大而圆，多位于细胞的中央，多数细胞为单核，但也有双核的。

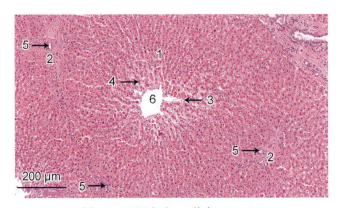

图 11-25　肝小叶 HE 染色（10×）

1：肝小叶；2：门管区；3：肝血窦；4：肝索；5：胆小管；6：中央静脉

Fig 11-25　Hepatic lobule HE staining (10×)

1: hepatic lobule; 2: portal area; 3: hepatic sinusoid; 4: hepatic cord; 5: bile canaliculus; 6: central vein

2）肝血窦

肝血窦（hepatic sinusoid）位于肝板之间，并相互吻合成网状的毛细血管，窦腔大而形状不规则，窦壁由内皮构成，窦腔中有库普弗细胞（图 11-26）。

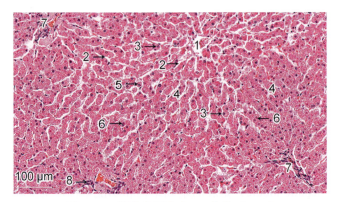

图 11-26　肝索和肝血窦 HE 染色（20×）

1：中央静脉；2：肝血窦；3：肝细胞；4：肝索；5：库普弗细胞；6：双核肝细胞；7：门管区；8：胆小管

Fig 11-26　Hepatic cord and hepatic sinusoid HE staining (20×)

1: central vein; 2: hepatic sinusoid; 3: hepatocyte; 4: hepatic cord; 5: Kupffer's cell; 6: binuclear hepatocyte; 7: portal area; 8: bile canaliculus

3）窦周隙

肝血窦内皮细胞与肝细胞之间有微小的间隙，称为窦周隙（perisinusoidal space），肝细胞向窦周隙一面伸出许多微绒毛。

4）胆小管

胆小管（bile canaliculus）是相邻肝细胞之间局部细胞膜凹陷并对接形成的微小管道。胆小管以盲端始于中央静脉周围的肝板内，沿着肝板呈放射状在小叶边缘连接黑林管（Hering's canal）。黑林管较短而粗，管壁由单层立方上皮构成。

2. 门管区

在数个肝小叶相邻的区域，常有较多的结缔组织，该处还有小叶间动脉、小叶间静脉和小叶间胆管，还有淋巴管和神经伴行，称门管区（portal area）（图 11-27）。小叶间动脉是肝动脉的分支，管腔较小，管壁较厚，中膜有数层环行平滑肌纤维。小叶间静脉是门静脉的分支，管腔较大而不规则，管壁薄，腔内常有血液存在。小叶间胆管是肝管的分支，管腔小而圆，管壁由单层立方上皮构成。

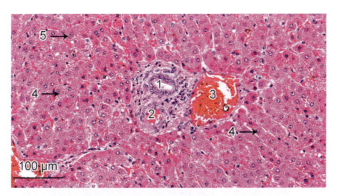

图 11-27　门管区 HE 染色（20×）
1：小叶间胆管；2：小叶间动脉；3：小叶间静脉；4：肝细胞；5：双核肝细胞
Fig 11-27　Portal area HE staining (20×)
1: interlobular bile duct; 2: interlobular artery; 3: interlobular vein; 4: hepatocyte; 5: binuclear hepatocyte

（三）胰腺

胰腺（pancreas）表面为薄层结缔组织被膜，结缔组织深入实质，将胰腺分隔成许多小叶。胰腺实质由外分泌部和内分泌部构成（图 11-28）。外分泌部是重要的消化腺，分泌胰液；内分泌部为散在于胰腺小叶内的内分泌细胞团，称为胰岛，分泌激素。

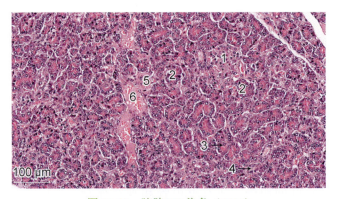

图 11-28　胰腺 HE 染色（40×）

1：胰岛；2：胰腺泡；3：泡心细胞；4：闰管；5：小叶内导管；6：血管

Fig 11-28　Pancreas HE staining (40×)

1: pancreatic islet; 2: pancreatic acinus; 3: centroacinar cell; 4: intercalated duct;

5: intralobular duct; 6: blood vessel

1. 外分泌部

1）腺泡

腺泡的大小和形状不一，呈管状或泡状，由一层锥形的腺泡细胞围成（图 11-29）。腺泡细胞基底面较宽大，附于基膜上，顶部的细胞质中含有大量酶原颗粒，HE 染色标本呈鲜红色，而细胞基底部因含有大量粗面内质网而呈嗜碱性，着蓝色，细胞核大而圆，位于细胞基部。

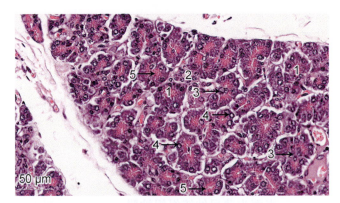

图 11-29　胰腺外分泌部 HE 染色（40×）

1：胰腺泡；2：闰管；3：泡心细胞；4：腺泡细胞核；5：酶原颗粒

Fig 11-29　Exocrine part of pancreas HE staining (40×)

1: pancreatic acinus; 2: intercalated duct; 3: centroacinar cell; 4: nucleus of pancreatic acinus cell;

5: zymogen granule

2）导管

导管包括闰管、小叶内导管、小叶间导管和胰管，为输送胰液至十二指肠的管道。闰管由单层扁平上皮围成，细而长，起始端伸入腺泡内。分布于腺腔的闰管上皮细胞，称为泡心细胞（centroacinar cell）。小叶内导管变粗，管壁由单层立方上皮构成。若干小叶内导管在小叶间结缔组织内汇成小叶间导管，小叶间导管管壁由矮柱状上皮构成。小叶间导管再汇成一条粗大的胰管，管壁上皮也逐渐由单层矮柱状上皮变为单层高柱状上皮。导管上皮中常有杯状细胞和内分泌细胞。

2. 内分泌部

内分泌部（endocrine portion）又称胰岛（pancreatic islet），是由内分泌细胞组成的细胞团，分散在外分泌部腺泡之间，胰尾部较多。胰岛大小不一，可有数个细胞到数百个细胞不等。胰岛细胞之间有丰富的有孔毛细血管。胰岛细胞在HE 染色标本中，着色浅，各类细胞不易区分（图 11-30）。

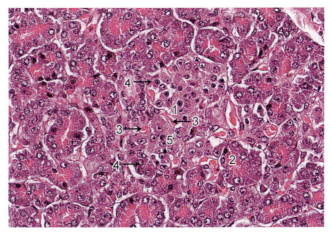

图 11-30　胰腺内分泌部 HE 染色（40×）
1：胰岛；2：胰腺泡；3：毛细血管；4：A 细胞；5：B 细胞
Fig 11-30　Pancreas HE staining (40×)
1: pancreatic islet; 2: pancreatic acinus; 3: capillary; 4: A cell; 5: B cell

本章撰写人员：钟震宇、郭青云、张庆勋

第十二章

呼 吸 系 统

麋鹿的呼吸系统（respiratory system）由鼻、咽、喉、气管、支气管和肺组成。呼吸系统的主要功能是进行气体交换。支气管进入肺后，反复分支为肺内支气管、细支气管、终末细支气管、呼吸性细支气管、肺泡管直至肺泡。从鼻腔至终末细支气管为导气部，从呼吸性细支气管至肺泡为呼吸部。此外，鼻还有嗅觉功能，鼻、喉与发声有关。肺内还有多种内分泌细胞可分泌激素。

一、鼻腔

鼻腔（nasal cavity）是呼吸道的起始部。鼻腔以软骨和骨构成支架，内表面衬以黏膜，外侧壁附有上、下鼻甲，鼻中隔将鼻腔分为左、右两侧鼻侧腔。鼻黏膜由上皮和固有层组成。根据结构和功能的不同，鼻黏膜主要分前庭区（vestibular region）、嗅区（olfactory region）和呼吸区（respiratory region）。

前庭区为鼻腔的入口处，黏膜生长鼻毛。鼻孔边缘是角化的复层扁平上皮，向内逐渐移行为未角化的复层扁平上皮。固有层由结缔组织构成，含有毛囊、血管、神经、其他腺体和弥散淋巴组织等。

嗅区黏膜位于鼻腔上方的嗅区，嗅上皮是假复层纤毛柱状上皮，较呼吸区上皮略厚。上皮内有支持细胞（sustentacular cell）、嗅细胞（olfactory cell）和基细胞（basal cell）（图 12-1）。支持细胞呈高柱状，基部较细，细胞核椭圆形，位于细胞上部。嗅细胞呈梭形，细胞核圆形，位于细胞中部，细胞的游离面有数条纤毛，为嗅毛（olfactory cilium），可感受嗅刺激。基细胞呈锥形，位于上皮底部，细胞核小、圆形，具有分化能力。固有层为薄层结缔组织，内含丰富的毛细血管、淋巴管、神经和弥散淋巴组织，还含有许多嗅腺。

呼吸区面积最大，是鼻腔的主要部分，其黏膜上皮为假复层纤毛柱状上皮，含杯状细胞。固有层为疏松结缔组织，内含有丰富的血管和许多腺体（图 12-2）。

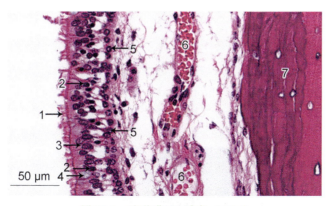

图 12-1　嗅黏膜 HE 染色（40×）

1：嗅毛；2：嗅细胞；3：支持细胞；4：杯状细胞；5：基细胞；6：海绵体静脉；7：骨

Fig 12-1　Olfactory mucosa HE staining（40×）

1: olfactory cilium; 2: olfactory cell; 3: sustentacular cell; 4: goblet cell; 5: basal cell; 6: cavernous vein; 7: bone

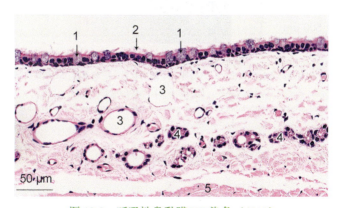

图 12-2　呼吸性鼻黏膜 HE 染色（40×）

1：杯状细胞；2：纤毛；3：海绵体静脉；4：腺体；5：骨

Fig 12-2　Respiratory nasal mucosa HE staining（40×）

1: goblet cell; 2: cilium; 3: cavernous vein; 4: gland; 5: bone

二、喉

喉（larynx）既是呼吸器官又是发音器官，其前接喉咽，后连气管。喉壁软骨构成支架，软骨之间借关节、肌肉和韧带连接形成喉腔。喉腔面覆盖黏膜，喉黏膜由上皮和固有层构成，大部分黏膜上皮为假复层纤毛柱状上皮。固有层为疏松结缔组织，内含丰富的弹性纤维、混合腺、淋巴组织和许多淋巴小结。

三、气管与支气管

麋鹿的气管（trachea）全长 45 ～ 50cm，由 48 ～ 65 个气管环组成，在第 5 ～ 6 肋间分为左、右支气管（bronchus）。气管和支气管结构相似，管壁从内向外由黏膜、黏膜下层和外膜构成（图 12-3）。

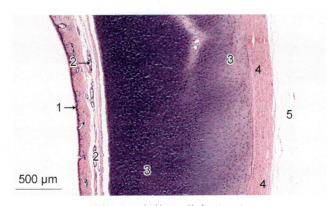

图 12-3　气管 HE 染色（5×）
1：假复层纤毛柱状上皮；2：气管腺；3：透明软骨；4：软骨膜；5：结缔组织
Fig 12-3　Trachea HE staining（5×）
1: pseudostratified ciliated columnar epithelium; 2: tracheal gland; 3: hyaline cartilage; 4: perichondrium; 5: connective tissue

（一）黏膜

附着在软骨环处的黏膜无皱襞，但在软骨环缺口处及其邻近的黏膜则因平滑肌收缩而形成许多皱襞。

1. 上皮

黏膜上皮为假复层纤毛柱状上皮，主要由纤毛细胞、基细胞、杯状细胞和小颗粒细胞等构成。

纤毛细胞（ciliated cell）数量最多，呈柱状，游离面有许多纤毛，细胞核卵圆形，位于细胞中部，纤毛向咽侧做定向有规律的摆动，可将黏膜表面的黏液及附于其上的尘粒、细菌等异物推向咽部排出，故纤毛细胞有净化呼吸道的重要作用。

杯状细胞数量较多，形态类似于肠道上皮内的杯状细胞，分布于纤毛细胞之间。细胞顶部细胞质内有大量黏原颗粒，可分泌黏蛋白。

基细胞呈锥形或三棱形，较小，细胞核较大，位于上皮深部，沿基膜排列，是一种未分化细胞。

小颗粒细胞（small granular cell）又称神经内分泌细胞，数量少，呈锥体形，散在分布于整个呼吸道的黏膜上皮深部，细胞底部位于基膜上。

刷细胞（brush cell）呈柱状，游离面有许多微绒毛，在光镜下不易识别，可能有感受刺激的作用。

2. 固有层

固有层由疏松结缔组织构成，含较多的弹性纤维、浆细胞和淋巴组织等，弹性纤维使管壁具有一定弹性，浆细胞和淋巴组织具有免疫防御功能。

（二）黏膜下层

黏膜下层为疏松结缔组织，与固有层之间无明显分界，该层含较大的血管、淋巴管、气管腺、神经和浆细胞。气管腺是以黏液性腺泡为主的混合腺（图 12-4）。

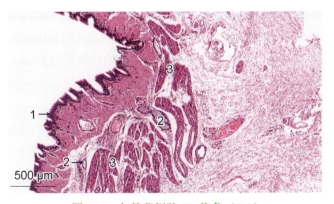

图 12-4　气管背侧壁 HE 染色（5×）
1：皱襞；2：气管腺；3：平滑肌
Fig 12-4　Dorsal wall of trachea HE staining (5×)
1: plica; 2: tracheal gland; 3: smooth muscle

（三）外膜

外膜由透明软骨和结缔组织构成。透明软骨为 C 形的透明软骨环，构成气管的支架，以保持管腔畅通，软骨环的缺口朝颈背侧，该处以平滑肌纤维和富含弹性纤维的致密结缔组织相连。平滑肌主要为环行排列，麋鹿的气管平滑肌位于软骨环缺口的内侧。支气管结构与气管基本相同,但软骨环变软骨片,平滑肌增多。

麋鹿和其他动物一样,在呼吸道黏膜表面覆盖着一层黏液,它是由黏膜上皮和腺体等多种细胞分泌产生的混合物。

四、肺

肺(lung)是体内与体外进行气体交换的器官,麋鹿左肺分前叶(尖叶)、后叶(隔叶)2个叶,右肺分前叶、中叶(心叶)、后叶和副叶4个叶。肺的表面覆盖有浆膜(胸膜脏层),肺组织包括实质和间质。实质是由肺内支气管的各级分支和终末部的大量肺泡组成,间质为肺内实质之间的结缔组织以及血管、淋巴管和神经等。

按肺实质的功能,肺可分为导气部和呼吸部。左、右支气管入肺后称为肺内支气管,继续多次分支,随着分支管径逐步变小,分支至管径约1mm时称为细支气管,细支气管再分支至内径0.5mm以下时称为终末细支气管,从终末细支气管再分支,管壁上有肺泡连接称为呼吸性细支气管。从肺内支气管至终末细支气管,为肺内气体进出的通道,构成肺的导气部。从呼吸性细支气管再分支为肺泡管、肺泡囊和肺泡,可进行气体交换,共同构成肺的呼吸部。

(一)肺导气部

肺导气部(conducting portion)包括肺内支气管、细支气管和终末细支气管,随着不断分支,其管径逐渐变细,管壁变薄,结构从复杂变简单。

1. 肺内支气管

左、右支气管在肺门处先分出肺内支气管(intrapulmonary bronchus),进肺后以肺内支气管为主支作树枝状分支,分为肺叶支气管、肺段支气管和小支气管。

肺内支气管的管壁结构与支气管基本相似,也由黏膜、黏膜下层和外膜构成,但杯状细胞和腺体逐渐减少。黏膜上皮为假复层纤毛柱状上皮,由纤毛细胞、杯状细胞、基细胞等构成,固有层逐渐变薄,含有较多的弹性纤维和淋巴组织,平滑肌形成一层环行平滑肌。黏膜下层为疏松结缔组织,内含少量的腺体。外膜的软骨环逐渐变成软骨片,由结缔组织和大小不等、形状不规则的软骨片组成(图12-5)。

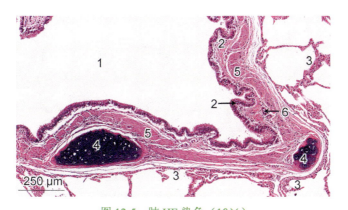

图 12-5　肺 HE 染色（10×）
1：肺内支气管；2：皱襞；3：肺泡；4：透明软骨；5：平滑肌；6：混合腺
Fig 12-5　Lung HE staining（10×）
1: intrapulmonary bronchus; 2: plica; 3: pulmonary alveoli; 4: hyaline cartilage; 5: smooth muscle; 6: mixed gland

2. 细支气管

细支气管（bronchiole）管壁更薄，结构更简单，黏膜上皮由假复层纤毛柱状上皮逐渐变为单层纤毛柱状上皮，杯状细胞极少，管壁中的混合腺及软骨片极少或消失。环行平滑肌相对增多，由平滑肌收缩使黏膜形成较多皱襞（图 12-6）。

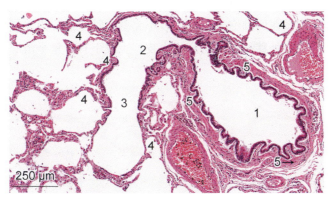

图 12-6　肺 HE 染色（10×）
1：细支气管；2：终末细支气管；3：呼吸性细支气管；4：肺泡；5：平滑肌
Fig 12-6　Lung HE staining（10×）
1: bronchiole; 2: terminal bronchiole; 3: respiratory bronchiole; 4: pulmonary alveoli; 5: smooth muscle

3. 终末细支气管

终末细支气管（terminal bronchiole）上皮为单层纤毛柱状上皮，杯状细胞、腺体和软骨片均消失。环行平滑肌增多，形成完整的肌层。黏膜皱襞明显（图 12-7）。

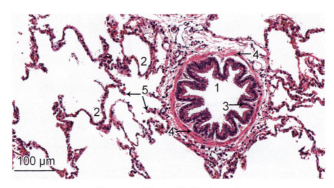

图 12-7　肺 HE 染色（10×）

1：终末细支气管；2：肺泡；3：单层纤毛柱状上皮；4：平滑肌；5：巨噬细胞

Fig 12-7　Lung HE staining (10×)

1: terminal bronchiole; 2: pulmonary alveoli; 3: simple ciliated columnar epithelium; 4: smooth muscle; 5: macrophage

（二）肺呼吸部

肺呼吸部（respiratory region）包括呼吸性细支气管、肺泡管、肺泡囊和肺泡。

1. 呼吸性细支气管

呼吸性细支气管（respiratory bronchiole）为终末细支气管的分支，很短，管腔较小，管壁出现散在的肺泡开口，所以不完整，管壁上皮为单层立方上皮，向下在相接的肺泡开口处移行为单层扁平上皮。上皮下有少量平滑肌，黏膜皱襞消失（图 12-8）。

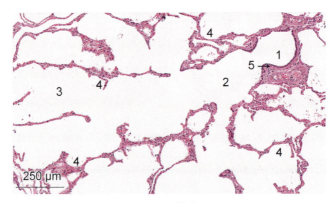

图 12-8　肺 HE 染色（10×）

1：呼吸性细支气管；2：肺泡管；3：肺泡囊；4：肺泡；5：平滑肌

Fig 12-8　Lung HE staining (10×)

1: respiratory bronchiole; 2: alveolar duct; 3: alveolar sac; 4: pulmonary alveoli; 5: smooth muscle

2. 肺泡管

肺泡管（alveolar duct）由呼吸性细支气管分出，管壁上许多肺泡和肺泡囊的开口，管壁极不完整，结构很小，仅存在于相邻的两个肺泡开口之间，呈现出一系列结节状膨大（图 12-9）。肺泡管衬以单层立方上皮或单层扁平上皮，上皮下有少量结缔组织和少量环行的平滑肌纤维。

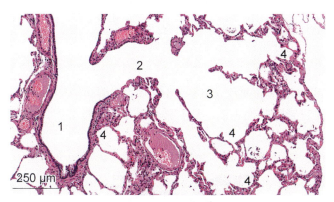

图 12-9 肺 HE 染色（10×）
1：呼吸性支气管；2：肺泡管；3：肺泡囊；4：肺泡
Fig 12-9 Lung HE staining（10×）
1: respiratory bronchiole; 2: alveolar duct; 3: alveolar sac; 4: pulmonary alveoli

3. 肺泡囊

肺泡囊（alveolar sac）多见于肺泡管的末端，是若干肺泡共同开口的囊泡（图 12-10）。其结构与肺泡管相似，管壁极不完整，肺泡开口处无平滑肌，故无结节状膨大，仅有少量的结缔组织。

4. 肺泡

肺泡（pulmonary alveoli）是进行气体交换的场所，为半球形的薄壁囊泡，开口于肺泡囊、肺泡管或呼吸性细支气管。肺不同部位的肺泡大小不完全一致。肺泡壁极薄，由单层肺

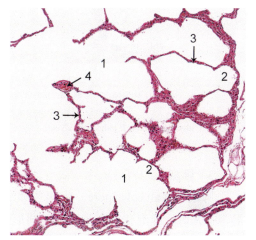

图 12-10 肺泡囊 HE 染色（10×）
1：肺泡囊；2：肺泡；3：肺泡隔；4：血管
Fig 12-10 The alveolar sac HE staining（10×）
1: alveolar sac; 2: pulmonary alveoli; 3 alveolar septum;
4: blood vessel

泡上皮和基膜组成，相邻肺泡壁之间有薄层结缔组织，称为肺泡隔。肺泡上皮（alveolar epithelium）由Ⅰ型肺泡细胞和Ⅱ型肺泡细胞构成。

1）肺泡上皮

Ⅰ型肺泡细胞（type Ⅰ alveolar cell）扁平，又称为扁平细胞，细胞核扁圆形，小而致密，细胞含核部分略厚，其他部位很薄，细胞表面光滑，基部紧贴在基膜上。Ⅱ型肺泡细胞（type Ⅱ alveolar cell）呈立方形或圆形，又称为立方细胞，细胞较小，数量较多。细胞突向肺泡腔，细胞核大而圆，细胞质着色浅。Ⅱ型肺泡细胞为分泌细胞，主要功能是分泌肺泡表面活性物质。

2）肺泡隔

肺泡隔（alveolar septum）是相邻两肺泡之间的结缔组织，含有丰富的毛细血管网。毛细血管紧贴肺泡上皮，还有弹性纤维、巨噬细胞、少量肥大细胞和浆细胞等（图 12-11）。

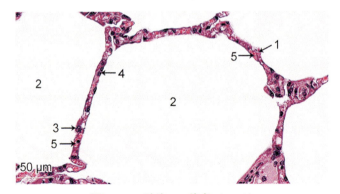

图 12-11　肺泡 HE 染色（40×）
1：肺泡隔；2：肺泡；3：Ⅱ型肺泡细胞；4：Ⅰ型肺泡细胞；5：毛细血管
Fig 12-11　The pulmonary alveoli HE staining (40×)
1: alveolar septum; 2: pulmonary alveoli; 3: type Ⅱ alveolar cell; 4: type Ⅰ alveolar cell; 5: capillary

3）肺泡孔

肺泡孔（alveolar pore）为相邻肺泡之间的小孔，借此沟通相邻两肺泡，当肺泡扩张时，肺泡孔完全张开，呈圆形或卵圆形。

（三）肺的被膜和间质

肺表面覆盖着浆膜，是胸膜脏层。浆膜的深面是由富含弹性纤维的结缔组织构成的被膜，肺门被膜的结缔组织随支气管和血管伸入肺内，形成间质（图 12-12）。

（四）肺巨噬细胞

肺巨噬细胞（pulmonary macrophage）是指肺内的巨噬细胞，由单核细胞分化而来，在肺内广泛分布，数量较多，尤其在间质内更多。肺巨噬细胞依分布部位有不同的名称，如分布在肺泡腔的巨噬细胞称为肺泡巨噬细胞（AM），分布于间质的巨噬细胞称为间质巨噬细胞（IM），还有胸膜巨噬细胞及支气管壁巨噬细胞等。巨噬细胞的形状不规则，体积较大，细胞核圆形或肾形。吞噬了大量灰尘颗粒的肺泡巨噬细胞称为尘细胞（dust cell）（图 12-13）。

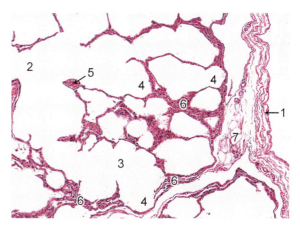

图 12-12　肺被膜和间质 HE 染色（10×）

1：被膜；2：肺泡管；3：肺泡囊；4：肺泡；5：血管；6：肺间质；7：脂肪细胞

Fig 12-12　Capsule and interstitial tissue of lung HE staining（10×）

1: capsule; 2: alveolar duct; 3: alveolar sac; 4 : pulmonary alveoli; 5: blood vessel; 6: interstitial tissue of lung; 7: fat cell

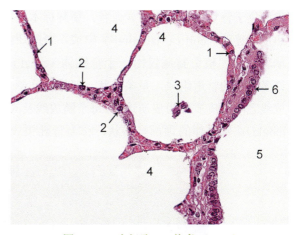

图 12-13　尘细胞 HE 染色（40×）

1：Ⅰ型肺泡细胞；2：Ⅱ型肺泡细胞；3：尘细胞；4：肺泡；5：呼吸性细支气管；6：立方上皮

Fig 12-13　The dust cell HE staining（40×）

1: type Ⅰ alveolar cell; 2: type Ⅱ alveolar cell; 3: dust cell; 4: pulmonary alveoli; 5: respiratory bronchiole; 6: cuboidal epithelium

本章撰写人员：钟震宇、单云芳

第十三章
泌 尿 系 统

麋鹿泌尿系统（urinary system）包括肾、输尿管、膀胱和尿道等器官。肾为泌尿器官，输尿管、膀胱和尿道等组成排尿管道，膀胱还可储存尿液。

一、肾

肾（kidney）是麋鹿的主要排泄器官，成对的致密实质性器官，左、右各一。麋鹿的肾呈长蚕豆形，表面光滑，外侧缘扇弧形，内侧缘中部凹陷为肾门，有输尿管、血管、神经和淋巴管出入。肾表面包有一层非常致密、易剥离的纤维被膜，被膜外面还包裹有肾脂肪囊。被膜的深面为肾实质，肾实质分为皮质和髓质。肾皮质位于肾实质表层，富含血管，新鲜标本呈红褐色，由髓放线（medullary ray）和皮质迷路（cortical labyrinth）组成。肾髓质位于深部，色泽较淡，麋鹿的肾属单乳头肾，整个髓质仅由一个肾锥体（renal pyramid）组成（图 13-1）。髓质由许多直行的管道组成，呈条纹状，肾锥体底部呈辐射状伸入皮质构成髓放线，髓放线之间的皮质称为皮质迷路，每个髓放线及其周围的皮质迷路组成肾小叶（renal lobule）。肾锥体的顶部呈嵴状，称为肾乳头（renal papilla），其上有许多小孔是

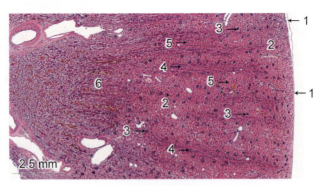

图 13-1　肾 HE 染色（1.25×）
1：被膜；2：皮质；3：肾小体；4：髓放线；5：皮质迷路；6：髓质
Fig 13-1　Kidney HE staining (1.25×)
1: capsule; 2: cortex; 3: renal corpuscle; 4: medullary ray; 5: cortical labyrinth; 6: medulla

肾集合管的开口。肾乳头突入肾盏（renal calice）内，肾盏向外接肾盂（renal pelvis），肾盂出肾门后变细移行为输尿管。

肾门处的结缔组织随血管、神经伸入实质，分布于肾实质之间形成间质。肾实质主要由大量泌尿小管（uriniferous tubule）组成，其间有少量结缔组织、血管和神经，泌尿小管可分为肾单位和集合管系两部分。

（一）肾单位

肾单位（nephron）是肾形成尿液的结构和功能单位，主要位于皮质迷路。肾单位由肾小体和相连的肾小管两部分组成。肾小管的起始盲端大，凹陷形成双层的囊状结构称为肾小囊。肾小囊与其包裹的一个血管球共同形成肾小体，位于皮质迷路内。肾小管可以明显分为近端小管、细段、远端小管3部分。近端小管起始部与肾小体相连，在肾小体附近盘曲绕行，称为近端小管曲部（近曲小管），继而离开皮质迷路形成直行小管，沿髓放线下行，称为近端小管直部（近直小管），直部在髓质内突然变细，称为细段，细段之后管径又骤然变粗，成为远端小管直部（远直小管），并折返向上从髓质直行进入髓放线。近端小管直部、细段、远端小管直部，在髓质内形成"U"形的袢，称为髓袢（medullary loop）或肾单位袢（nephron loop）。远端小管直部沿髓放线上行，进入皮质迷路，在肾小体附近弯曲盘绕，成为远端小管曲部（远曲小管），其末端进入髓放线与集合小管相接。集合小管从皮质髓放线直行进入髓质，沿途不断汇合其他肾单位的集合小管，管径由细逐渐增粗，最后以乳头管开口于肾乳头。

麋鹿的肾单位依据在皮质内的分布可分为浅表肾单位（superficial nephron）和髓旁肾单位（juxtamedullary nephron）2种。浅表肾单位的肾小体位于皮质浅部，数量多（图13-2）。髓旁肾单位的肾小体位于皮质深部，数量较少。

1. 肾小体

肾小体（renal corpuscle）近似球形，又称肾小球，由血管球和肾小囊组成。肾小体具有血管极和尿极两个极（图13-3）。肾小球有微动脉出入的一端称为血管极（vascular pole），尿极（urinary pole）在血管球的对侧，肾小囊与肾小管相通连处。

1）血管球

血管球（glomerulus）是一团盘曲的毛细血管簇，呈球形，周围有肾小囊包裹，一条入球微动脉由血管极进入肾小体后，反复分支形成网状毛细血管袢，然后又

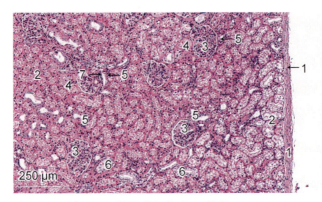

图 13-2　肾被膜和皮质 HE 染色（10×）
1：被膜；2：皮质迷路；3：肾小体；4：近曲小管；5：远曲小管；6：集合小管；7：致密斑
Fig 13-2　The capsule and cortex of the kidney HE staining (10×)
1：capsule; 2: cortical labyrinth; 3: renal corpuscle; 4: proximal convoluted tubule; 5: distal convoluted tubule;
6: collecting tubule; 7: macula densa

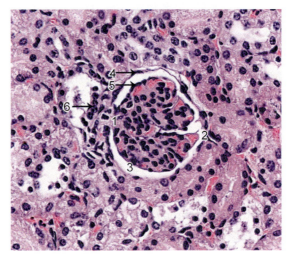

图 13-3　肾皮质 HE 染色（40×）
1：血管极；2：尿极；3：肾小囊腔；4：肾小囊上皮；5：肾小球上皮；6：致密斑
Fig 13-3　Renal cortex HE staining (40×)
1: vascular pole; 2: urinary pole; 3: capsular space; 4: capsular epithelium; 5: glomerular epithelium; 6: macula densa

逐步汇合成一条出球微动脉，由血管极离开肾小体（图 13-4）。通常入球微动脉管径比出球微动脉略粗。血管球毛细血管为有孔毛细血管。内皮细胞呈扁平梭形，无核部分极薄，有许多小孔。

2）血管系膜

血管系膜（mesangium）又称球内系膜（intraglomerular mesangium），位于

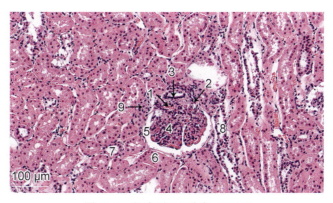

图 13-4　肾皮质 HE 染色（20×）

1：入球微动脉；2：出球微动脉；3：致密斑；4：血管球；5：肾小囊腔；6：近曲小管；7：远曲小管；
8：集合小管；9：肾小球旁细胞

Fig 13-4　Ronal cortex HE staining（20×）

1: afferent arteriole; 2: efferent arteriole; 3: macula densa; 4: glomerulus; 5: capsular space; 6: proximal convoluted tubule;
7: distal convoluted tubule; 8: collecting tubule; 9: juxtaglomerular cell

血管球毛细血管之间，连接毛细血管内皮或基膜，主要由系膜细胞和系膜基质组成。系膜细胞（mesangial cell）是一种星形多突起细胞，突起长短不等，其细胞核小而圆，染色较深。

3）肾小囊

肾小囊（renal capsule）又称鲍曼囊（Bowman's capsule），为肾小管起始部分膨大凹陷而成的双层盲囊，呈杯状，包裹血管球。肾小囊内外两层之间狭窄的腔隙称为肾小囊腔，肾小囊腔与近端小管曲部相连通。肾小囊的外层称为肾小囊壁层，为单层扁平上皮。肾小囊壁层上皮外有薄层基膜包绕，称为肾小囊基膜。肾小囊壁层上皮在尿极与近曲小管上皮相连续，肾小囊壁层上皮在血管极处反折为肾小囊脏层上皮，由一层形态特殊、多突起的足细胞（podocyte）构成。足细胞体积较大，由胞体伸出许多大小不等的突起，包裹在血管球基膜外。

2. 肾小管

肾小管（renal tubule）是由单层上皮围成的小管，上皮外有基膜。肾小管依顺序分近端小管、细段和远端小管三段，其中近端小管最长、最粗（图 13-5）。

1）近端小管

近端小管（proximal tubule）分为曲部和直部，曲部简称近曲小管（proximal convoluted tubule），近曲小管在尿极与肾小囊壁层上皮相续。近曲小管位于肾小体的周围，管腔较粗且不规则。管壁上皮由单层锥体形或立方形细胞构成，细

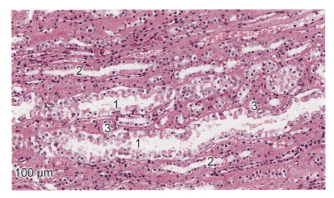

图 13-5　肾髓质 HE 染色（20×）
1：集合小管；2：远直小管；3：近直小管
Fig 13-5　Renal medulla HE staining（20×）
1: collecting tubule; 2: distal straight tubule; 3: proximal straight tubule

体积较大，细胞间分界不清。细胞核圆形，较大，着色浅，核仁明显，偏于基底面。细胞质强嗜酸性，着深红色。细胞游离面有刷状缘（brush border）。

　　近端小管直部（proximal straight tubule）是曲部的延续，由皮质沿髓放线下行进入髓质，标本中见于皮质与髓质移行处。其结构与曲部相似，细胞略矮小，管腔略大。

　　2）细段

　　细段（thin segment）位于肾髓质内，管径细，管壁为单层扁平上皮，细胞着色浅，细胞核扁圆形，细胞含核部分突向腔面。

　　3）远端小管

　　远端小管（distal tubule）也分直部和曲部两段，远端小管由细段折返上行变粗为远端小管直部（distal straight tubule），管壁由单层方上皮构成，细胞矮小，腔面无刷状缘。细胞质嗜酸性较弱，着色较浅，细胞之间界限清楚。细胞核圆形，靠近腔面。远端小管直部进入皮质延续为远曲小管（distal convoluted tubule），盘曲在其自身的肾小体附近。远曲小管管壁由立方上皮构成，与近曲小管相比，远曲小管短，故切面小，管腔较大而规则，腔面无刷状缘，细胞质弱嗜酸性，着色浅，细胞核圆形，居于中央或靠近腔面。

（二）集合管系

集合小管系（collecting tubule system）分弓形集合小管、直集合小管和乳头管 3 段。弓形集合小管（或称连接小管）较短，位于皮质迷路，与远曲小管相连。弓形集合小管呈弓状，由皮质迷路走入髓放线，汇合为直集合小管，直集合小管继续沿髓放线下行至髓质，在肾锥体乳头部汇成乳头管，其末端开口于肾乳头（图 13-6）。

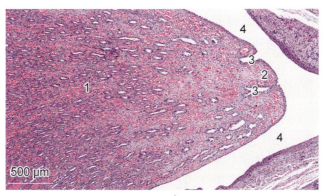

图 13-6　肾髓质 HE 染色（5×）

1: 肾锥体；2: 肾乳头；3: 乳头管；4: 肾盂腔

Fig 13-6　Renal medulla HE staining（5×）

1: renal pyramid; 2: renal papilla; 3: papillary duct; 4: renal pelvis cavity

直集合小管下行途中，有许多远曲小管汇入，集合小管的管径逐渐变粗，管壁上皮由单层立方上皮逐渐移行为单层柱状上皮。集合小管上皮细胞较大，分界清楚，细胞核圆形，位于中央，大部分细胞的细胞质染色浅而明亮，又称亮细胞或主细胞。少数细胞的细胞质着色较深，夹在亮细胞之间，又称暗细胞或闰细胞。

（三）近血管球复合体

近血管球复合体（juxtaglomerular complex）又称肾小球旁器（juxtaglomerular apparatus），由球旁细胞、致密斑和球外系膜细胞组成，在肾小体血管极处构成三角形区域，致密斑为三角区的底，入球微动脉和出球微动脉分别形成三角区的两个侧边，球外系膜细胞则位于三角区的中心。

球旁细胞（juxtaglomerular cell）是行至肾小体血管极处的入球微动脉管壁中膜平滑肌细胞转变成的上皮样细胞。球旁细胞体积较大，呈立方形或多边形，细胞核大而圆，着色浅，细胞质丰富，弱嗜碱性。

致密斑（macula densa）位于血管极处的远直小管末端，靠近肾小体一侧的上皮细胞变高变窄呈高柱状，在小管壁上形成一个椭圆形斑状隆起，称为致密斑。细胞排列紧密，细胞核椭圆形，常密集排列于细胞顶部，细胞质着色浅。

球外系膜细胞（extraglomerular mesangial cell）是位于入球微动脉、出球微动脉和致密斑所形成的三角区内的一些细胞，也称为极垫细胞。球外系膜细胞与球内系膜细胞的形态相似，球外系膜细胞排列稀松，外形扁平，有广泛分支突起，细胞核呈长卵圆形，着色深，细胞质淡染。

（四）肾间质

肾泌尿小管和血管之间的结缔组织称为肾间质（renal interstitium），皮质内的间质少，髓质深部的间质较多。间质细胞为少量的成纤维细胞和巨噬细胞。

二、输尿管

肾盂（renal pelvis）是输尿管起始的庞大部。黏膜上皮为移行上皮，较薄，固有层由疏松结缔组织构成。肌层为平滑肌。麋鹿肾盂的平滑肌可分为内纵肌、中环肌和外纵肌三层。外膜是含有血管、神经和脂肪细胞的薄层结缔组织。

输尿管（ureter）起始于肾盂，终止于膀胱，为细长的肌性管道。管壁由黏膜、肌层和外膜构成。黏膜形成多条纵行皱襞，使管腔呈星形。黏膜上皮属变移上皮，较厚，有多层细胞，固有层为结缔组织。肌层为内纵行、外环行两层平滑肌。输尿管外膜是纤维膜，与周围结缔组织相连接。

三、膀胱

膀胱（urinary bladder）为肌层相当发达的肌性囊。腔面黏膜形成很多皱襞（图13-7），麋鹿膀胱充盈时容积可达600mL，充盈时皱襞减少或消失。膀胱壁的结构与输尿管壁大体相似，管壁由黏膜、肌层和外膜构成（图13-8）。黏膜上皮为变移上皮，膀胱收缩时表层细胞体积大，呈立方形，膀胱扩张时，表层细胞呈扁平状，固有层为结缔组织，富含血管，可见弥散的淋巴组织和淋巴小结。肌层大致可分为内纵肌、中环肌和外纵肌三层，分界不清。外膜由疏松结缔组织构成，其中有血管、淋巴管、神经纤维束等，膀胱颈部为纤维膜，其余为浆膜。

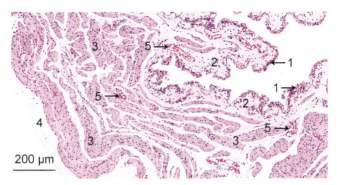

图 13-7　膀胱 HE 染色（20×）
1：变移上皮；2：固有层；3：肌层；4：浆膜；5：血管
Fig 13-7　Urinary bladder HE staining (20×)
1: transitional epithelium; 2: lamina propria; 3: muscle layer; 4: serosa; 5: blood vessel

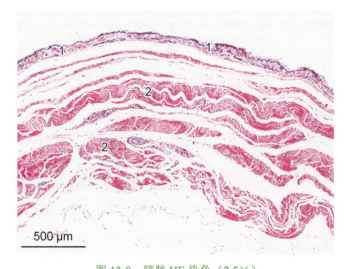

图 13-8　膀胱 HE 染色（2.5×）
1：黏膜；2：肌层
Fig 13-8　Urinary bladder HE staining (2.5×)
1: mucosa; 2: muscle layer

四、尿道

麋鹿尿道（urethra）在雄性和雌性间有明显差异。

雄性尿道兼有排尿和排精作用。从膀胱颈附近的尿道内口至阴茎头端的尿道外口，全长可达 50cm。雌性尿道为单纯排尿管道，比雄性短得多，从膀胱的尿道内口到阴道前庭前面的外口，全长不超过 20cm。尿道黏膜形成数条纵行皱襞（图 13-9）。

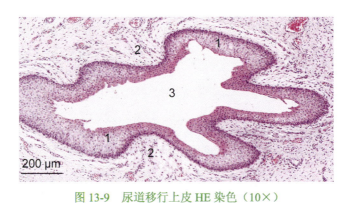

图 13-9　尿道移行上皮 HE 染色（10×）
1：移行上皮；2：固有层；3：尿道
Fig 13-9　Transitional epithelium of urethra HE staining (10×)
1: transitional epithelium; 2: lamina propria; 3: urethra

本章撰写人员：钟震宇、刘田

第十四章

雄性生殖系统

麋鹿雄性生殖系统（male reproductive system）由睾丸、生殖管道、附属腺及外生殖器组成。睾丸是产生精子及分泌雄激素的器官。生殖管道包括附睾、输精管、射精管和尿生殖道，它们有促进精子的成熟及营养、储存和运送精子的作用。附属腺包括精囊腺、前列腺和尿道球腺，其分泌物与精子构成精液。外生殖器包括阴囊和阴茎。

一、睾丸

麋鹿的睾丸（testis）位于阴囊内，左、右各一，呈卵圆形。睾丸为一个实质性的器官，表面覆盖被膜，称为固有鞘膜（图 14-1）。被膜包括鞘膜脏层、白膜和血管膜 3 层。鞘膜脏层，很薄，由浆膜组成：白膜（tunica albuginea）较厚，为致密结缔组织，含有大量的胶原纤维和少量弹性纤维；血管膜（tunica vasculosa）位于白膜深层，为富含血管的薄层结缔组织膜，该层内的血管较粗，且迂回曲折。

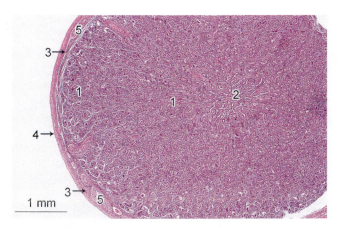

图 14-1　睾丸（新生个体）HE 染色（2.5×）

1：生精小管；2：睾丸网；3：白膜；4：浆膜；5：血管膜

Fig 14-1　Testis (newborn) HE staining (2.5×)

1: seminiferous tubule; 2: rete testis; 3: tunica albuginea; 4: serosa; 5: tunica vasculosa

　　在睾丸头处白膜的结缔组织深入睾丸内部形成睾丸纵隔（mediastinum testis），从纵隔发出一系列睾丸小隔（septula testis）伸入睾丸实质，将睾丸实质分隔成许多睾丸小叶（lobulus testis），每个小叶内有 1 ～ 4 条弯曲细长的生精小管（图 14-2）。小叶内的生精小管在靠近纵隔处变为一条短而直的直精小管，进入睾丸纵隔，汇合形成睾丸网（图 14-3）。生精小管之间为睾丸间质，由富含血管的疏松结缔组织组成。

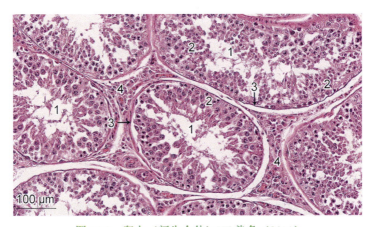

图 14-2　睾丸（新生个体）HE 染色（20×）

1：生精小管；2：生精细胞；3：界膜；4：睾丸间质

Fig 14-2　Testis (newborn) HE staining (20×)

1: seminiferous tubule; 2: spermatogenic cell; 3: limiting membrane; 4: interstitial tissue of testis

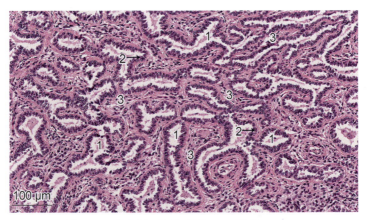

图 14-3　睾丸网（新生个体）HE 染色（20×）

1：睾丸网；2：睾丸网上皮；3：睾丸纵隔

Fig 14-3　Rete testis (newborn) HE staining (20×)

1: rete testis; 2: epithelium of rete testis; 3: mediastinum testis

(一) 生精小管

麋鹿的生精小管（seminiferous tubule）也称为曲精小管或曲细精管，管壁上皮由特殊的生精上皮构成。生精上皮（spermatogenic epithelium）由生精细胞和支持细胞组成，生精细胞排列 5～8 层，新生麋鹿生精小管管壁仅见精原细胞及支持细胞（图 14-4）。上皮外有一层基膜，基膜外有胶原纤维和梭形的肌样细胞（图 14-5）。

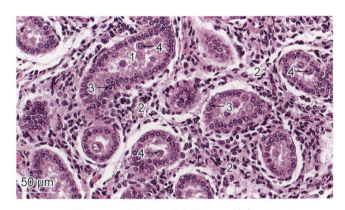

图 14-4　睾丸（新生个体）HE 染色（40×）

1：生精小管；2：支持细胞；3：A 型精原细胞；4：B 型精原细胞

Fig 14-4　Testis (newborn) HE staining (40×)

1: seminiferous tubule; 2: sustentacular cell; 3: type A spermatogonium; 4: type B spermatogonium

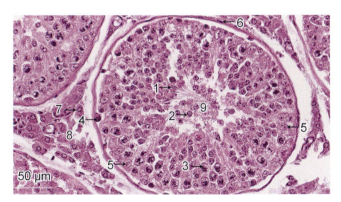

图 14-5　睾丸 HE 染色（40×）

1：精子；2：精子细胞；3：初级精母细胞；4：精原细胞；5：支持细胞；6：界膜；7：睾丸间质细胞；8：睾丸间质；9：生精小管

Fig 14-5　Testis HE staining (40×)

1: spermatozoon; 2: spermatid; 3: primary spermatocyte; 4: spermatogonium; 5: sustentacular cell; 6: limiting membrane; 7: testicular interstitial cell; 8: interstitial tissue of testis; 9: seminiferous tubule

1. 生精细胞

依发育阶段不同，生精细胞（spermatogenic cell）自基底部至管腔面依次为精原细胞、初级精母细胞、次级精母细胞、精子细胞和精子。

精原细胞（spermatogonium）位于生精上皮的最深层，紧贴基膜，胞体圆形或椭圆形。精原细胞可分 A、B 两型，A 型精原细胞（type A spermatogonium）的细胞核呈圆形或椭圆形，核染色质细密，着色深。A 型精原细胞为生精细胞中的干细胞。B 型精原细胞（type B spermatogonium）的细胞核圆形，核染色质呈较粗的颗粒状，沿核膜分布，核仁位于中央。B 型精原细胞经过数次分裂后，分化为初级精母细胞。A 型精原细胞紧贴基膜，而 B 型精原细胞与基膜的接触面较小，细胞质着色较浅。

初级精母细胞（primary spermatocyte）位于精原细胞的近腔侧，体积较大，细胞质较多，细胞核大而圆，染色质呈丝状或粗网状，呈现不同的分裂相。

次级精母细胞（secondary spermatocyte）靠近管腔，胞体圆形，体积较小，细胞核圆形，染色较深。次级精母细胞存在的时间很短，所以标本上一般少见。

精子细胞（spermatid）位于管腔面，数量较多，常排列数层，呈圆形，体积较小，细胞核圆形，着色深。

精子（spermatozoon）形似蝌蚪，分头、尾两部分，头部膨大，正面观呈卵圆形，侧面观呈梨形，头部有一个染色质高度浓缩的细胞核。

2. 支持细胞

支持细胞（sustentacular cell）又称塞托利细胞（Sertoli cell），数量较多。支持细胞呈不规则的长锥状，底部位于基膜上，顶部伸向腔面，常见各级生精细胞附于其上。因周围有生精细胞附着，细胞轮廓不清，细胞核大，椭圆形或不规则，染色浅，核仁明显。

（二）睾丸间质

睾丸间质（interstitial tissue of testis）为生精小管之间的疏松结缔组织，富含血管、神经和淋巴管。睾丸间质内含有一种特殊的睾丸间质细胞（testicular interstitial cell），后者又称莱迪希细胞（Leydig cell）。睾丸间质细胞体积较大，圆形或多边形，细胞核圆、居中，细胞质嗜酸性，可分泌雄激素，故含有脂滴，在 HE 染色标本中呈空泡状。

（三）直精小管和睾丸网

麋鹿直精小管（tubulus rectus）较短较细，管壁上皮细胞呈单层立方或低柱状，细胞游离面有微绒毛，无生精细胞。睾丸网（rete testis）是睾丸纵隔内相互通连成网状的管道结构，管腔不规则。直精小管进入睾丸纵隔内与睾丸网吻合。睾丸网管壁由单层立方上皮或低柱状上皮组成。睾丸产生的精子经直精小管和睾丸网出睾丸进入附睾。

二、生殖管道

麋鹿雄性生殖管道主要包括附睾、输精管、射精管和尿道等部分。

（一）附睾

麋鹿的附睾（epididymis）分为头、体、尾 3 部分，表面被覆由致密结缔组织构成的白膜，实质为输出小管和附睾管。附睾头部贴于睾丸上端，体部附着于睾丸背外侧面，尾部细圆，附于睾丸下部背面。头部主要由输出小管（efferent duct）组成（图 14-6），体部和尾部由附睾管（epididymal duct）组成。

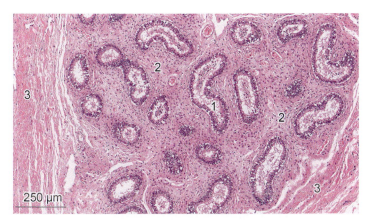

图 14-6　输出小管和附睾管（新生个体）HE 染色（10×）
1：输出小管；2：结缔组织；3：白膜
Fig 14-6　Efferent duct and epididymal duct (newborn) HE staining (10×)
1: efferent duct; 2: connective tissue; 3: tunica albuginea

　　输出小管是与睾丸网相连的多条曲小管，多条输出小管出睾丸纵隔后再汇合成一条附睾管（图14-7）。小管上皮由高柱状纤毛细胞及低柱状细胞相间排列构成，管腔不规则。上皮基膜明显，基膜外有薄层环行平滑肌。

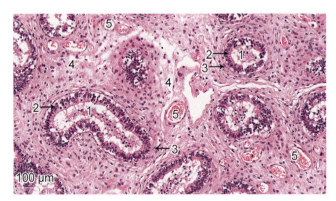

图 14-7　输出小管（新生个体）HE 染色（20×）

1：输出小管；2：柱状细胞；3：平滑肌；4：结缔组织；5：血管

Fig 14-7　Efferent duct (newborn) HE staining (20×)

1: efferent duct; 2: columnar cell; 3: smooth muscle; 4: connective tissue; 5: blood vessel

　　附睾管是由数条输出小管汇合而成的一条长而高度盘曲的小管，末端通连输精管（图14-8）。附睾管管壁上皮为假复层柱状上皮，主要由主细胞和基细胞组成（图14-9）。主细胞为上皮主要的细胞成分，胞体呈柱状，游离面有静纤毛，管腔规则，腔内充满精子和分泌物（图14-10）。基细胞位于主细胞的基部之间，

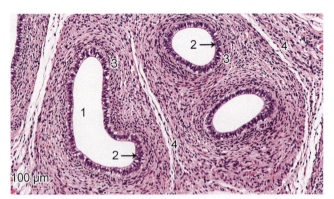

图 14-8　附睾（新生个体）HE 染色（20×）

1：附睾管（腔内无精子）；2：假复层柱状上皮（静纤毛少）；3：平滑肌；4：结缔组织

Fig 14-8　Epididymis (newborn) HE staining (20×)

1: epididymal duct (no spermatozoon in cavity); 2: pseudostratified columnar epithelium (less stereocilium);

3: smooth muscle; 4: connective tissue

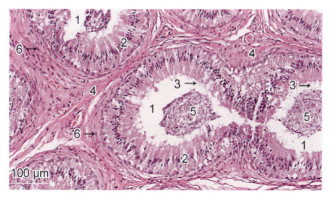

图 14-9　附睾管 HE 染色（20×）

1：附睾管；2：假复层柱状上皮；3：静纤毛；4：结缔组织；5：精子；6：平滑肌

Fig 14-9　Epididymal duct HE staining (20×)

1: epididymal duct; 2: pseudostratified columnar epithelium; 3: stereocilium; 4: connective tissue; 5: spermatozoon;
6: smooth muscle

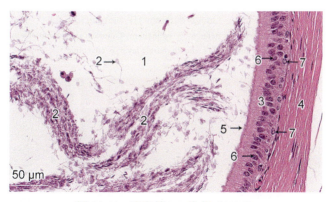

图 14-10　附睾管 HE 染色（40×）

1：附睾管；2：精子；3：假复层柱状上皮；4：平滑肌；5：静纤毛；6：主细胞；7：基细胞

Fig 14-10　Epididymal duct HE staining (40×)

1: epididymal duct; 2: spermatozoon; 3: pseudostratified columnar epithelium; 4: smooth muscle　5: stereocilium;
6: principal cell; 7: basal cell

呈扁平状。管壁周围有薄层平滑肌和富含血管的疏松结缔组织。

（二）输精管

　　麋鹿的输精管（ductus deferens）管壁厚，管腔窄小，管壁由黏膜、肌层和外膜构成（图 14-11）。黏膜表面有许多纵行皱襞，黏膜上皮由假复层柱状上皮过渡为单层柱状上皮，固有层富含弹性纤维。肌层很发达，由内纵行、中环行、外纵行排列的平滑肌构成（图 14-12）。外膜为一层富含血管和神经的疏松结缔组织。输精管末段稍膨大，形成输精管壶腹（ampulla of deferent duct），管壁增厚。

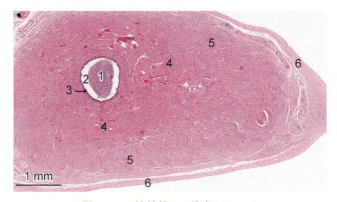

图 14-11　输精管 HE 染色（2.5×）

1 精子；2：输精管；3：上皮；4：环行平滑肌层；5：纵行平滑肌层；6：外膜

Fig 14-11　Ductus deferens HE staining (2.5×)

1: spermatozoon; 2: ductus deferens; 3: epithelium; 4: circular smooth muscle layer;
5: longitudinal smooth muscle layer; 6: adventitia

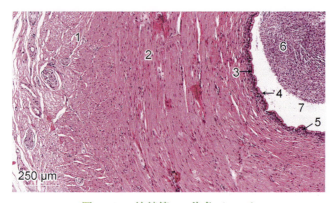

图 14-12　输精管 HE 染色（10×）

1：纵行平滑肌层；2：环行平滑肌层；3：上皮；4：纤毛；5：皱襞；6：精子；7：输精管

Fig 14-12　Ductus deferens HE staining (10×)

1: longitudinal smooth muscle layer; 2: circular smooth muscle layer; 3: epithelium; 4: cilium; 5: plica;
6: spermatozoon; 7: ductus deferens

三、附属腺

麋鹿的附属腺包括精囊腺、前列腺和尿道球腺。

（一）精囊腺

麋鹿的精囊腺（seminal vesicle）相当发达，为实体性的腺体，成对位于膀胱颈背侧，表面光滑。腺体表面有被膜，被膜结缔组织深入实质，将腺体分隔成许多小叶（图 14-13）。腺上皮为假复层柱状，由高柱状细胞和基细胞构成（图 14-14）。麋鹿精囊腺的分泌物是淡黄色浓稠的黏液。

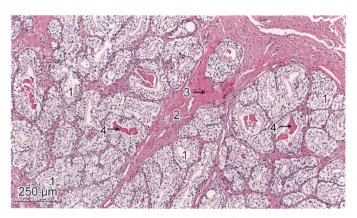

图 14-13　精囊腺 HE 染色（10×）

1：精囊腺泡；2：小叶间隔；3：平滑肌细胞；4：分泌物

Fig 14-13　Seminal vesicle HE staining（10×）

1: seminal vesicle acinus; 2: interlobular septum; 3: smooth muscle cell; 4: secretion

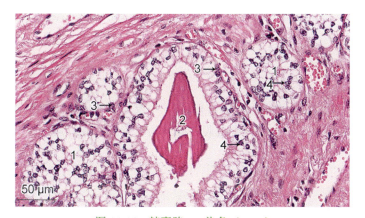

图 14-14　精囊腺 HE 染色（40×）

1：精囊腺泡；2：分泌物；3：基细胞；4：高柱状细胞

Fig 14-14　Seminal vesicle HE staining（40×）

1: seminal vesicle acinus; 2: secretion; 3: basal cell; 4: tall columnar cell

（二）前列腺

麋鹿的前列腺（prostate gland）不发达，位于尿生殖道起始部背侧，埋于结缔组织中。其由被膜和腺实质组成（图 14-15）。被膜由富含血管、神经纤维束和平滑肌的结缔组织组成，被膜伸入腺内将实质分成数叶。腺实质主要由复管泡状腺组成，腺的导管开口于尿道前列腺部的精阜两侧。前列腺的分泌部由单层扁平、立方、柱状及假复层柱状多种上皮构成，腺泡上皮形成许多皱襞，使腺泡腔弯曲而不规则。导管上皮为单层柱状或假复层柱状上皮。

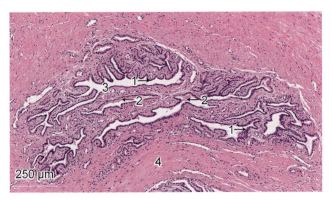

图 14-15　前列腺 HE 染色（10×）
1：腺上皮；2：前列腺凝固体；3：导管；4：平滑肌
Fig 14-15　Prostate gland HE staining（10×）
1: glandular epithelium; 2: prostatic concretion; 3: duct; 4: smooth muscle

（三）尿道球腺

麋鹿的尿道球腺（bulbourethral gland）不发达，呈圆形薄片状，位于尿生殖道骨盆部后端的背侧。腺体外有被膜，腺体为复管泡状腺。腺上皮为单层柱状上皮（图 14-16）。

四、阴茎

麋鹿的阴茎（penis）呈两侧稍扁圆柱状，含有 2 个圆柱形的海绵体、尿道、阴茎骨等（图 14-17）。阴茎海绵体（cavernous body of penis）位于阴茎背侧，呈

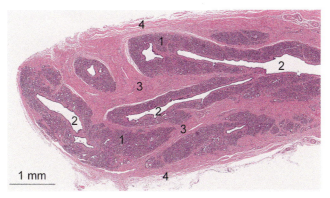

图 14-16　尿道球腺 HE 染色（2.5×）

1：腺体区；2：导管；3：小叶间隔；4：外膜

Fig 14-16　Bulbourethral gland HE staining (2.5×)

1: glandular region; 2: duct; 3: interlobular septum; 4: outer membrane

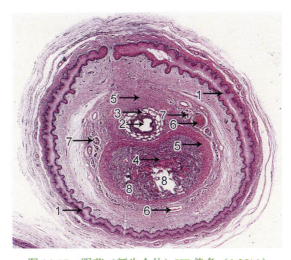

图 14-17　阴茎（新生个体）HE 染色（1.25×）

1：阴茎骨；2：尿道；3：尿道海绵体；4：阴茎海绵体；5：白膜；6：血管；7：神经纤维；8：人为裂隙

Fig 14-17　Penis (newborn) HE staining (1.25×)

1: baculum; 2: urethra; 3: cavernous body of urethra; 4: cavernous body of penis; 5: tunica albuginea; 6: blood vessel;
7: nerve fiber; 8: artificial fissure

椭圆形，外包厚而坚韧的海绵体白膜。尿道海绵体（cavernous body of urethra）位于阴茎海绵体腹面，是包围尿道的圆柱形海绵组织。2 个阴茎海绵体合成为单一的海绵体，在海绵体的背侧有阴茎背动脉和静脉通过。尿道海绵体的中央有尿道通过，尿道上皮为复层柱状上皮，固有层为具有丰富弹性纤维的结缔组织（图 14-18）。

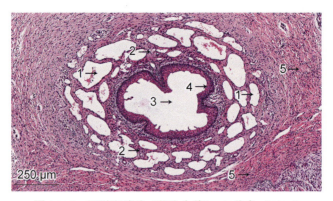

图 14-18　尿道海绵体（新生个体）HE 染色（10×）
1：海绵窦；2：海绵体小梁；3：尿道；4：移行上皮；5：白膜
Fig 14-18　Cavernous body of urethra (ewborn) HE staining (10×)
1: cavernous sinus; 2: trabecula corporis cavernosi; 3: urethra; 4: transitional epithelium; 5: tunica albuginea

本章撰写人员：钟震宇、白加德

第十五章

雌性生殖系统

麋鹿的雌性生殖系统（female reproductive system）包括卵巢、生殖道和外生殖器。卵巢是产生卵细胞和分泌雌激素的器官。生殖道包括输卵管、子宫和阴道，输卵管既是输送卵细胞的部位，也是受精的部位，子宫是孕育胎儿的器官。外生殖器包括尿生殖前庭、阴门和阴蒂。

一、卵巢

麋鹿的卵巢（ovary）外形似蚕豆，表面光滑，颜色较淡。左、右各一个。表面覆有单层扁平上皮或单层立方上皮，称为生殖上皮（germinal epithelium）。生殖上皮的深面为由致密结缔组织构成的白膜。卵巢的实质由皮质及髓质组成，分界不明显，皮质较厚（图 15-1）。皮质位于外周，内有各级不同发育阶段的卵泡、黄体和闭锁卵泡，上述结构之间填充有基质，内含有许多梭形的基质细胞（troma cell）和网状纤维。髓质处于中央，范围较小，为疏松结缔组织，含较多血管、

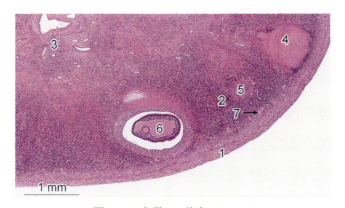

图 15-1　卵巢 HE 染色（2.5×）
1：白膜；2：生殖上皮；3：髓质；4：白体；5：黄体；6：次级卵泡；7：初级卵泡
Fig 15-1　Ovary HE staining (2.5×)
1: tunica albuginea; 2: germinal epithelium; 3: medulla; 4: corpus albicans; 5: corpus luteum;
6: secondary follicle; 7: primary follicle

淋巴管和神经等。卵巢门附近有少量的平滑肌和门细胞，卵巢的血管、淋巴管和神经由此出入。

（一）卵泡

卵泡（ovarian follicle）是卵细胞发生的场所，由卵母细胞（oocyte）和卵泡细胞（follicular cell）组成。卵泡的发育是一个连续的生长过程，根据形态结构变化，一般可分为原始卵泡、初级卵泡、次级卵泡和成熟卵泡4个阶段。

1. 原始卵泡

原始卵泡（primordial follicle）位于皮质浅层，呈球形，体积小，散在分布。原始卵泡由一个位于中央的初级卵母细胞（primary oocyte）及外周单层扁平的卵泡细胞组成。初级卵母细胞体积大，圆形，细胞质嗜酸性，细胞核大而圆，呈空泡状，染色质稀疏，着色浅，核仁明显。卵泡细胞胞体小，呈扁平状，细胞核扁圆，着色深，外周以基膜与结缔组织为界（图15-2）。

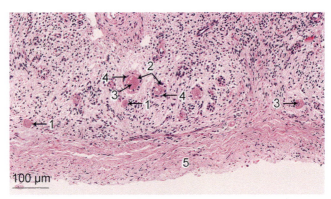

图 15-2　卵巢 HE 染色（20×）
1：原始卵泡；2：初级卵泡；3：卵母细胞；4：卵泡细胞；5：白膜
Fig 15-2　Ovary HE staining（20×）
1: primordial follicle; 2: primary follicle; 3: oocyte; 4: follicular cell; 5: tunica albuginea

2. 初级卵泡

初级卵泡（primary follicle）由原始卵泡发育而成，其结构变化特点有：①初级卵母细胞体积不断增大，细胞核也逐渐增大，呈泡沫状，核仁深染。②卵泡细胞由单层扁平细胞变为立方或柱状细胞，随后由单层增殖成多层。③在初级卵母细胞和卵泡细胞之间出现一层均质的嗜酸性膜，称为透明带（zona pellucida）。
④随着初级卵泡的不断增大，其周围的结缔组织的梭形细胞开始分化、密集形成
卵泡膜（图 15-3）。

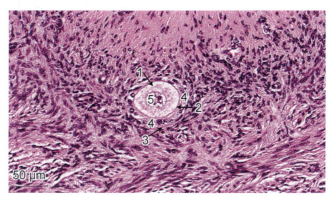

图 15-3　初级卵泡 HE 染色（40×）
1：初级卵泡；2：透明带；3：卵泡膜；4：卵泡细胞；5 初级卵母细胞
Fig 15-3　Primary follicle HE staining（40×）
1: primary follicle; 2: zona pellucida; 3: theca folliculi; 4: follicular cell; 5: primary oocyte

3. 次级卵泡

　　初级卵泡继续发育，卵泡体积不断增大，卵泡细胞层数不断增加，在卵泡细
胞之间出现腔隙时，称为次级卵泡（secondary follicle）（图 15-4）。这些小腔隙逐
渐融合成一个较大的半月形的腔，称为卵泡腔（follicular cavity），腔内充满卵泡液。
初级卵母细胞位居卵泡一侧并与周围的卵泡细胞凸入卵泡腔形成丘状隆起，称为
卵丘（cumulus oophorus）。紧靠透明带的一层卵泡细胞增大呈高柱状，呈放射状
排列，称为放射冠（corona radiata）。卵泡腔周围的卵泡细胞体积小，密集排列数
层构成卵泡壁，称为颗粒层（stratum granulosum），此时的卵泡细胞称为颗粒细胞。
颗粒层的外侧为卵泡膜（theca folliculi），卵泡膜进一步分化为内外两层，内层含
较多多边形或梭形的膜细胞（theca cell）和丰富的毛细血管。外层的细胞和血管
较少，含有许多胶原纤维和少量的平滑肌纤维。

4. 成熟卵泡

　　成熟卵泡（mature follicle）是卵泡发育的最后阶段。次级卵泡继续发育，卵
泡液激增，卵泡体积显著增大，并向卵巢表面突出，此时为成熟卵泡。颗粒层细
胞停止分裂增殖，卵泡壁变薄。

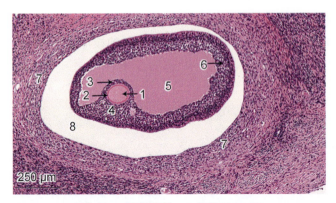

图 15-4　次级卵泡 HE 染色（10×）

1：初级卵母细胞；2：透明带；3：放射冠；4：卵丘；5：卵泡腔；6：颗粒层；7：卵泡膜；8：人为裂隙

Fig 15-4　Secondary follicle HE staining (10×)

1: primary oocyte; 2: zona pellucida; 3: corona radiata; 4: cumulus oophorus; 5: follicular cavity; 6: stratum granulosum; 7: theca folliculi; 8: artificial fissure

（二）黄体与白体

当成熟卵泡排卵后，卵泡壁和卵泡膜向卵泡腔内塌陷，颗粒细胞和膜细胞逐渐增生、肥大，和结缔组织一起填充于卵泡腔内，形成一个富含血管的内分泌细胞团，新鲜时呈黄色，称为黄体（corpus luteum）。黄体细胞主要有颗粒黄体细胞（granulosa lutein cell）和膜黄体细胞（theca lutein cell）（图 15-5）。前者由颗粒细胞分化而来，后者由卵泡膜内层的膜细胞分化而来。颗粒黄体细胞数量多，

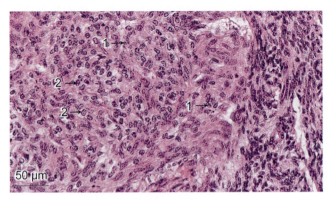

图 15-5　黄体 HE 染色（40×）

1：膜黄体细胞；2：颗粒黄体细胞

Fig 15-5　Corpus luteum HE staining (40×)

1: theca lutein cell; 2: granulosa lutein cell

胞体较大，呈多边形，染色浅，构成黄体的大部分，HE 染色标本呈空泡状或泡沫状。膜黄体细胞数量少，胞体小，圆形或多角形，细胞质和细胞核染色深，主要分布于黄体的周边。黄体形成后发育和存在时间的长短，取决于卵排出后是否受精，若未受精，黄体仅能维持两周即退化，称为假黄体（false corpus luteum）。若卵受精，则黄体继续发育增大，称为真黄体（true corpus luteum），也称为妊娠黄体（corpus luteum of pregnancy），妊娠黄体存在的时间可维持几个月。黄体在退化过程中，黄体细胞变小，退化后由结缔组织取代形成的瘢痕样结构，称为白体（corpus albicans）（图 15-6）。白体的体积大小不一，HE 染色呈浅红色。

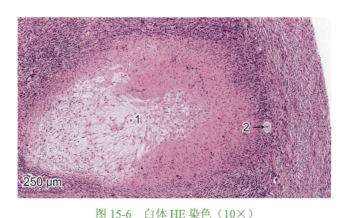

图 15-6　白体 HE 染色（10×）
1：白体；2：原始卵泡
Fig 15-6　Corpus albicans HE staining (10×)
1: corpus albicans; 2: primordial follicle

（三）闭锁卵泡和间质腺

在卵泡发育过程中，仅有少数卵泡能发育成熟至排卵，其余绝大多数卵泡在发育的各个阶段中逐渐退化成为闭锁卵泡（atretic follicle）。在卵泡发育的各个阶段退化的闭锁卵泡，其形态变化不尽相同。大多数卵泡的退化发生在原始卵泡阶段，卵泡细胞变小和分散，最后卵母细胞和卵泡细胞都溶解消失；初级卵泡和早期次级卵泡退化闭锁时，除与原始卵泡的变化相似外，还可见卵泡腔中有残留皱缩的均质状透明带和巨噬细胞；晚期的次级卵泡退化时，卵泡塌陷，卵泡壁的血管和结缔组织伸入颗粒层细胞之间，卵泡膜细胞增大，形成一团多边形的腺样细胞团索，称为间质腺（interstitial gland）（图 15-7）。

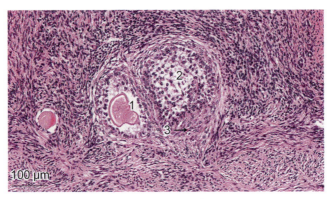

图 15-7　间质腺 HE 染色（10×）

1：闭锁卵泡；2：间质腺；3：小血管

Fig 15-7　Interstitial gland HE staining (10×)

1: atretic follicle; 2: interstitial gland; 3: small vessel

二、输卵管

麋鹿的输卵管（oviduct）是运送生殖细胞和受精的部位，是一条多弯曲的细管，位于卵巢和子宫角之间。输卵管可分为漏斗部、壶腹部和峡部，各部管壁由内向外依次为黏膜层、肌层和外膜（图 15-8）。黏膜层由单层柱状上皮和固有层构成，上皮由纤毛细胞和分泌细胞组成。纤毛细胞在漏斗部和壶腹部最多，至峡部逐渐减少。分泌细胞散在分布于纤毛细胞之间，呈柱状，游离面有大量微绒毛，顶部细胞质有分泌颗粒。固有层为薄层细密的结缔组织，富含毛细血管和散在的平滑肌纤维。黏膜形成纵行而分支的皱襞（图 15-9），壶腹部皱襞高且分支多，管腔不规则，峡部皱襞逐渐减少。肌层由内环行和外纵行两层平滑肌组成，以峡部最厚。外膜属浆膜，由间皮和富含血管的疏松结缔组织组成。

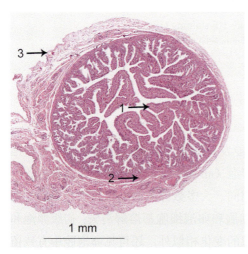

图 15-8　输卵管 HE 染色（2.5×）

1：皱襞；2：肌层；3：浆膜

Fig 15-8　Oviduct HE staining (2.5×)

1: plica; 2: muscle layer; 3: serosa

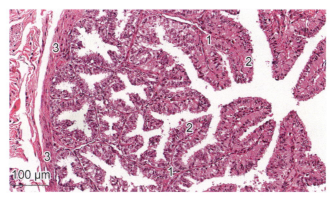

图 15-9　输卵管 HE 染色（20×）

1：皱襞；2：单层纤毛柱状上皮；3：肌层

Fig 15-9　Oviduct HE staining（20×）

1: plica; 2: simple ciliated columnar epithelium; 3: muscle layer

三、子宫

麋鹿的子宫（uterus）为双角子宫，是中空的肌性器官，壁厚，子宫腔较狭窄，可分为子宫角、子宫体和子宫颈 3 部分。管壁由内向外依次为内膜、肌层和外膜（图 15-10）。

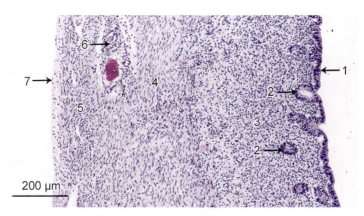

图 15-10　子宫 HE 染色（10×）

1：子宫内膜柱状上皮；2：子宫内膜腺；3：子宫内膜固有层；4：子宫肌层环行肌；5：子宫肌层纵行肌；
6：血管；7：子宫外膜

Fig 15-10　Uterus HE staining（10×）

1: columnarepithelium of the endometrium; 2: endometrial gland; 3: lamina propria of the endometrium;
4: circular muscle of the myometrium; 5: longitudinal muscle of the myometrium; 6: blood vessel; 7: perimetrium

内膜（endometrium）由上皮和固有层构成，上皮为单层柱状上皮，由大量分泌细胞和少量纤毛细胞组成。固有层较厚，可分为浅层和深层。浅层的结缔组织含有大量成纤维细胞、子宫腺的导管及少量的巨噬细胞、肥大细胞和浆细胞等。深层的结缔组织内有大量的子宫腺分布。子宫腺由内膜上皮向固有层下陷形成分支状腺体，腺上皮主要由分泌细胞构成。

麋鹿的内膜表面有许多隆突样结构，称为子宫阜（carunculae uteri），是由内膜突向子宫腔形成的，内有大量的成纤维细胞和丰富的血管，无子宫腺。

肌层（myometrium）很厚，可大致分为内环行、外纵行两层平滑肌，内环行肌较厚，外纵行肌较薄。子宫阜下方的肌层之间的血管非常发达。

子宫角和子宫体的子宫外膜（perimetrium）为浆膜，子宫颈的外膜为纤维膜。

四、阴道

阴道（vagina）壁由黏膜、肌层和外膜组成（图 15-11）。阴道黏膜形成许多纵皱襞（plica）。黏膜由上皮和固有层构成。黏膜上皮为复层扁平上皮，有角质层。黏膜固有层由疏松结缔组织构成，无腺体，含有丰富的毛细血管、弹性纤维和弥散淋巴组织。肌层由相互交错呈螺旋状的平滑肌束构成，肌束之间的结缔组织内有许多弹性纤维。外膜为纤维膜，富含由弹性纤维构成的致密结缔组织。

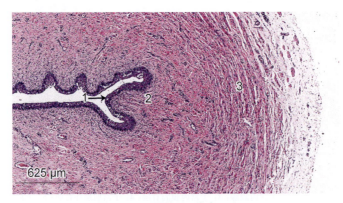

图 15-11　阴道 HE 染色（4×）

1：复层扁平上皮；2：固有层；3：肌层

Fig 15-11　Vagina HE staining (4×)

1: stratified squamous epithelium; 2: lamina propria; 3: muscle layer

五、乳腺

乳腺（mammary gland）是特化的复管泡状腺。乳腺实质被结缔组织分隔为许多小叶，每个小叶含有一个复管泡状腺，小叶间的结缔组织称为乳腺间质，腺泡上皮为单层立方和柱状上皮，腺腔较小，上皮与基膜之间有一层肌上皮细胞。导管包括小叶内导管、小叶间导管、输乳管、乳池和乳头管，小叶内导管上皮为单层立方或柱状上皮，小叶间导管上皮为单层或复层柱状上皮，麋鹿的输乳管在乳头基部扩大形成乳池，最后由乳头管开

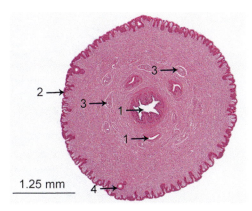

图 15-12　乳头 HE 染色（2×）

1: 乳头管；2: 表皮；3: 血管；4: 毛

Fig 15-12　Nipple HE staining (2×)

1: papillary duct; 2: epidermis; 3: blood vessel; 4: hair

口于乳头，输乳管和乳池的管壁为双层低柱状上皮，乳头管为复层扁平上皮，与乳头表皮连续（图 15-12）。麋鹿每个乳头有 4 个乳头管，开口于乳头表皮，乳头真皮层有丰富的神经纤维和感受器（图 15-13）。

妊娠后期和哺乳期的乳腺有泌乳功能，称为活动期乳腺，无分泌功能的乳腺称为静止期乳腺。活动期乳腺腺体发达，腺细胞增高呈高柱状，导管增生，腺

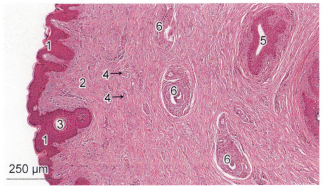

图 15-13　乳头 HE 染色（10×）

1: 表皮；2: 真皮；3: 毛；4: 感受器；5: 乳头管；6: 血管

Fig 15-13　Nipple HE staining (10×)

1: epidermis; 2: dermis; 3: hair; 4: receptor; 5: papillary duct; 6: blood vessel

腔扩大，内有分泌物，分泌物中含有大量脂滴，HE染色呈空泡状（图 15-14）。静止期乳腺腺体不发达，乳腺体积很小，腺泡很少，导管相对较发达，脂肪组织和结缔组织增多（图 15-15）。

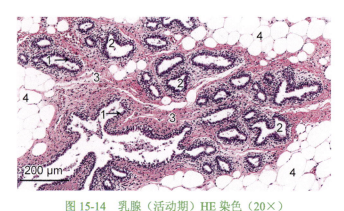

图 15-14　乳腺（活动期）HE 染色（20×）

1：腺泡；2：腺泡上皮（单层立方上皮）；3：结缔组织；4：分泌物

Fig 15-14　Mammary gland (active phase) HE staining (20×)

1: acinus; 2: acinar epithelium (simple cuboidal epithelium); 3: connective tissue; 4: secretion

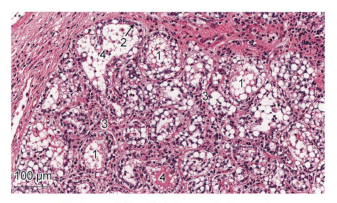

图 15-15　乳腺（静止期）HE 染色（10×）

1：腺泡上皮；2：腺泡；3：结缔组织；4：脂肪组织

Fig 15-15　Mammary gland (stationary phase) HE staining (10×)

1: acinar epithelium; 2: acinus; 3: connective tissue; 4: adipose tissue

本章撰写人员：钟震宇、单云芳

第十六章

眼 和 耳

一、眼

眼（eye）是视觉器官，由眼球及其附属器官等组成。眼球包括眼球壁和眼球内容物。眼球内容物包括充满前房和后房的房水、晶状体及玻璃体，三者均透明而又有一定的屈光指数，与角膜一起构成眼的屈光系统。

（一）眼球壁

1. 纤维膜

纤维膜（fibrous tunic）为眼球最外层，由坚韧的结缔组织组成，构成眼球完整外壳，起保护眼内组织、维持眼球形状的作用。纤维膜分为前后两部分，前部为透明的角膜，后部为不透明的巩膜。

1）角膜

角膜（cornea）位于眼球前方，呈外凸内凹、透明圆盘状的折光结构，麋鹿的角膜厚度约为 1.2mm，中部较薄，边缘较厚。由前向后分为 5 层，依次为角膜上皮、前界层、角膜基质、后界层和角膜内皮。

（1）角膜上皮（corneal epithelium）为非角化复层扁平上皮，由多层整齐排列的细胞组成。

（2）前界层（anterior limiting lamina）为位于角膜上皮深面的一层均质嗜酸性薄膜，由胶原纤维和基质组成，不含细胞。

（3）角膜基质（corneal stroma）为角膜最厚的一层，由大量胶原纤维板层平行排列而成，板层间有散在的角膜细胞（成纤维细胞）和基质，无血管及淋巴管等。角膜细胞外形细长有突起，结构与成纤维细胞类似，有形成纤维和基质的能力。

（4）后界层（posterior limiting lamina）为一层透明均质膜，成分与前界层相似。HE 染色为嗜酸性、着淡红色。

（5）角膜内皮（corneal endothelium）由一层扁平或低柱状细胞构成。

2）巩膜

巩膜（sclera）呈乳白色，质地坚韧，不透明，由致密结缔组织组成。巩膜包括3层：①巩膜上层为疏松结缔组织，内含丰富的血管。②巩膜固有层最厚，由大量平行于眼球壁的胶原纤维交织而成，其间有成纤维细胞和少量弹性纤维。③棕黑层内含大量的黑色素细胞，呈棕黑色，还有少量的胶原纤维束和弹性纤维。

2. 血管膜

血管膜（vascular tunic）是眼球壁的中间层，位于巩膜与视网膜之间，由含有丰富的色素细胞和大量血管的疏松结缔组织构成。血管膜由前向后分别为虹膜、睫状体和脉络膜。

1）虹膜

虹膜（iris）在血管膜的最前部，为一环行薄膜，位于角膜和晶状体之间，中央为长椭圆形的瞳孔（pupil）。虹膜结缔组织的基质内含有许多色素细胞、血管和平滑肌，使得麋鹿的虹膜呈现黄褐色。

2）睫状体

睫状体（ciliary body）是位于虹膜与脉络膜之间的环状组织，是虹膜后方增厚的环行结构。

3）脉络膜

脉络膜（choroid）在血管膜的后部，是薄而软的棕色膜，介于视网膜与巩膜之间，为含有丰富色素细胞和血管的疏松结缔组织。脉络膜与视网膜之间有一层均质透明薄膜，称为玻璃膜，由胶原纤维、弹性纤维和基质组成。在脉络膜的后壁有一层青绿色带金属光泽的三角区，称为照膜（tapetum lucidum），麋鹿的照膜是由数层胶原纤维和成纤维细胞构成的。

3. 视网膜

视网膜（retina）为眼球壁的最内层，可分为视部和盲部。视网膜是一层完全透明的薄膜，紧密衬于脉络膜的内面，薄而柔软，具有感光作用。视网膜视部在生活时呈淡红色，死后变灰白色。视网膜中央区的后极部有一凹陷圆形小区，称为视网膜中心，相当于人眼的黄斑，是视网膜上感光最敏锐的部位。在视网膜的后部，有一圆盘状结构的视乳头，是视神经纤维穿出视网膜的部位，没有感光能力，又称为盲点。

视网膜盲部无感光能力，是虹膜和睫状体的上皮层。视网膜视部有感光能力，主要由色素上皮、视细胞、双极细胞和节细胞组成。色素上皮细胞位于视网膜最外层，为单层矮柱状上皮细胞，排列紧密。视细胞又称为感光细胞，是一种高度分化的神经元，根据形态的不同，又分视杆细胞（rod cell）和视锥细胞（cone cell）两种。视杆细胞细长，核小深染，数量多。视锥细胞核大，染色浅，外侧突呈圆锥形。双极细胞是连接石细胞与节细胞的纵向联络神经元，胞体位于内核层，细胞核大。节细胞是长轴突的多级神经元，细胞体积大，核大、染色浅。

在光镜下观察 HE 染色标本，视网膜视部由外向内可分为 10 层（图 16-1）。

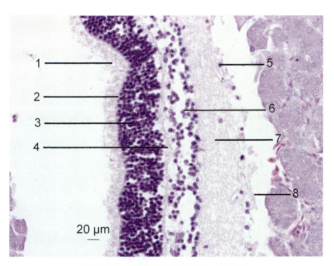

图 16-1　视网膜 HE 染色（40×）

1：视杆视锥层；2：外界膜；3：外核层；4：外网层；5：节细胞层；6：内核层；7：内网层；8：视神经纤维层

Fig 16-1　Retina HE staining (40×)

1: layer of rods and cones; 2: outer limiting membrane; 3: outer nuclear layer; 4: outer plexiform layer;

5: ganglion cell layer; 6: inner nuclear layer; 7: inner plexiform layer; 8: layer of optic fibers

（1）色素上皮层（pigment epithelium layer）由富含色素颗粒的单层上皮细胞组成，细胞排列紧密。

（2）视杆视锥层（layer of rods and cones）由视锥细胞和视杆细胞组成。

（3）外界膜（outer limiting membrane）为一薄网状膜，由视锥细胞、视杆细胞的外节和米勒细胞（Muller cell）外侧突之间的连接复合体构成。

（4）外核层（outer nuclear layer）由视杆细胞和视锥细胞含细胞核的胞体组成。

（5）外网层（outer plexiform layer）为疏松的网状结构，由视锥细胞和视杆细胞的内侧突与双极细胞的树突及水平细胞的突起相连接而成。

（6）内核层（inner nuclear layer）由水平细胞、双极细胞、米勒细胞及无长突细胞的胞体组成。

（7）内网层（inner plexiform layer）是双极细胞的轴突与神经节细胞的树突形成突触连接之处。

（8）节细胞层（ganglion cell layer）主要由神经节细胞（多极神经元）组成。

（9）视神经纤维层（layer of optic fibers）主要由神经节细胞的轴突所组成。

（10）内界膜（inner limiting membrane）主要由米勒细胞内侧突起组成。

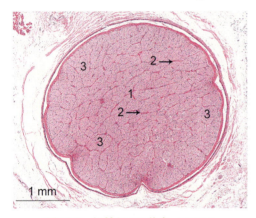

图 16-2　视神经 HE 染色（2.5×）
1：视神经；2：筛板；3：神经纤维束
Fig 16-2　Optic nerve HE staining（2.5×）
1: optic nerve; 2: sieve plate; 3: nerve tract

4. 视神经

视神经由视网膜神经节细胞的轴突汇集而成（图 16-2）。视神经是从视盘开始穿过脉络膜及巩膜筛板出眼球，经视神经管进入颅内至视交叉前角的这段神经。视网膜所得到的视觉信息，经视神经传送到大脑。视神经可分为球内段、眶内段、管内段和颅内段 4 部分。球内段的神经纤维无髓鞘，但穿过筛板以后则有髓鞘。

（二）眼球内容物

眼球内容物包括房水以及晶状体和玻璃体，均无色透明且有折光指数，与角膜一起组成眼的折光系统。

1. 眼房和房水

眼房（eye chamber）位于角膜和晶状体之间的腔隙，被虹膜分为前房和后房。房水（aqueous humor）为充满于眼房内含有极少量蛋白质的无色透明液体。

2. 晶状体

晶状体（lens）位于虹膜和玻璃体之间，是透明而富有弹性、不含血管和神经的透明体，形似双凸透镜，前方凸度较小，后方凸度较大。晶状体由晶状体囊和晶状体上皮构成。晶状体囊（lens capsule）为包绕整个晶状体表面、薄而透明的膜囊。晶状体上皮（lens epithelium）是分布在晶状体前表面的单层立方形上皮。晶状体的赤道部细胞分化为长柱状的晶状体纤维（lens fiber）。

3. 玻璃体

玻璃体（vitreous body）为无色透明胶状物质，外包一层透明的膜，内含99%的水，还有少量的玻璃蛋白、透明质酸、胶原纤维、成纤维细胞和玻璃体细胞（hyalocyte）等，充满眼球后4/5的空腔。玻璃体细胞是玻璃体内的一种透明细胞，具有分泌透明质酸和胶原的功能。玻璃体具有折光作用。

（三）眼的附属结构

眼睑（eyelid）是覆盖在眼球前方的皮肤褶，分为上眼睑和下眼睑。眼睑结构从前向后可分5层，即皮肤、皮下组织、肌层、睑板和睑结膜（图16-3）。

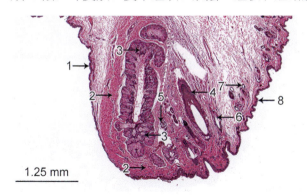

图 16-3　眼睑 HE 染色（2×）

1：睑结膜；2：睑板；3：睑板腺；4：睫毛；5：睫毛腺；6：皮脂腺（Zeiss 腺）；7：汗腺；8：表皮

Fig 16-3　Eyelid HE staining（2×）

1: palpebral conjunctiva; 2: tarsal plate; 3: tarsal gland; 4: eyelash; 5: Moll gland; 6: sebaceous gland (Zeiss gland); 7: sweat gland; 8: epidermis

1. 皮肤

皮肤薄而柔软，由表皮和真皮构成。真皮由富含弹性纤维的结缔组织构成，内有皮脂腺、汗腺、血管及丰富的神经末梢等。在睑缘处，真皮内有睫毛囊，其根部有较大的皮脂腺（Zeiss 腺）和变态汗腺（睫毛腺）。

2. 皮下组织

皮下组织为薄层较疏松结缔组织。

3. 肌层

肌层为骨骼肌，包括眼轮匝肌和提上睑肌。

4. 睑板

睑板（tarsal plate）位于睑结膜的上皮和固有层之间，由致密结缔组织组成，坚硬如软骨。睑板内有许多大而分叶的皮脂腺，即睑板腺（tarsal gland）。在内眼角处有半月形的结膜褶，内有色素和一块透明软骨，称为第三眼睑，又称瞬膜。

5. 睑结膜

睑结膜（palpebral conjunctiva）位于眼睑最内层，是一薄层湿润而富含血管的黏膜。正常情况下睑结膜呈粉红色，由上皮和固有层构成。上皮在睑缘处为复层扁平上皮或复层柱状上皮，上皮间常有杯状细胞。固有层为薄层疏松结缔组织，有时含有弥散淋巴组织。在眼睑内侧，睑结膜反转覆盖于眼球的巩膜表面，称为球结膜（bulbar conjunctiva）。

瞬膜（nictitating membrane）又称第三眼睑，是结膜在眼内角折叠形成的一半月形皱襞。麋鹿的瞬膜发达，在中央含有透明软骨，软骨周围有瞬膜腺（图 16-4，图 16-5）。

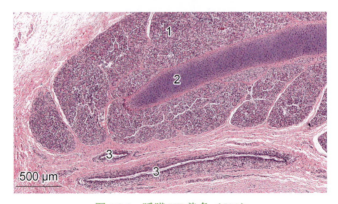

图 16-4　瞬膜 HE 染色（5×）
1：瞬膜腺；2：透明软骨；3：导管
Fig 16-4　Nictitating membrane HE staining（5×）
1: nictitans gland; 2: hyaline cartilage; 3: duct

泪腺（lacrimal gland）位于眼球的背外侧，在眼球和眶上突之间，为扁平卵圆形，导管开口于眼睑结膜。泪腺分泌泪液。麋鹿泪腺是管泡状腺，属于混合腺（图 16-6，图 16-7）。

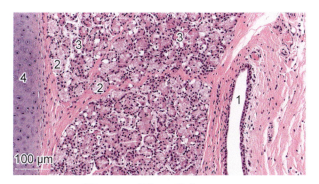

图 16-5　瞬膜 HE 染色（5×）

1：导管；2：黏液性腺泡；3：浆液性腺泡；4：透明软骨

Fig 16-5　Nictitating membrane HE staining (5×)

1: duct; 2: mucinous acinus; 3: serous acinus; 4: hyaline cartilage

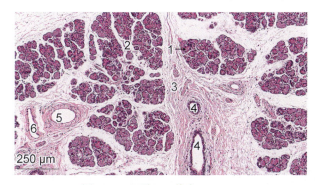

图 16-6　泪腺 HE 染色（10×）

1：腺泡；2：结缔组织；3：小叶间隔；4：小叶间导管；5：微动脉；6：微静脉

Fig 16-6　Lacrimal gland HE staining (10×)

1: acinus; 2: connective tissue; 3: interlobular septum; 4: interlobular duct; 5: arteriole; 6: venule

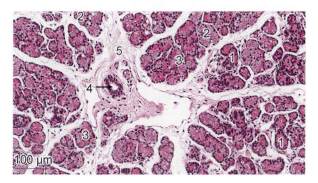

图 16-7　泪腺 HE 染色（20×）

1：浆液性腺泡；2：黏液性腺泡；3：混合腺泡；4：小叶间导管；5：结缔组织

Fig 16-7　Lacrimal gland HE staining (20×)

1: serous acinus; 2: mucinous acinus; 3: mixed acinus; 4: interlobular duct; 5: connective tissue

二、耳

耳（ear）是平衡器官和听觉器官，麋鹿的耳由外耳、中耳和内耳 3 部分组成。

（一）外耳

外耳（external ear）包括耳郭、外耳道和鼓膜 3 部分。

1. 耳郭

耳郭（auricle）以弹性软骨作为支架，内外面覆盖以皮肤，长度可达 20cm。耳郭内侧面的皮肤有浓密的长毛，而耳郭基部毛较少，皮内的皮脂腺发达（图 16-8）。耳郭一般呈漏斗状，耳郭外侧面隆凸称为耳背，内侧面凹陷称为舟状窝。耳郭外周基部皮下有脂肪垫，并附着有较发达的耳郭外肌和内肌。

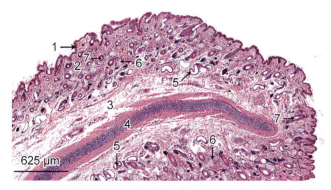

图 16-8　新生麋鹿的耳郭 HE 染色（4×）

1：表皮；2：真皮；3：皮下组织；4：弹性软骨；5：汗腺；6：皮脂腺；7：毛

Fig 16-8　Auricle of newborn milu HE staining (4×)

1: epidermis; 2: dermis; 3: subcutaneous tissue; 4: elastic cartilage; 5: sweat gland; 6: sebaceous gland; 7: hair

2. 外耳道

外耳道（external auditory meatus）是从耳郭基部到鼓膜的一条管道，外侧部由软骨支撑，其他部位由骨作为支架，内表面衬有薄层皮肤。皮肤内含有毛、皮脂腺和耵聍腺（ceruminous gland）（图 16-9）。耵聍腺是一种大汗腺，其和皮脂腺的分泌物及脱落的上皮细胞等形成黏稠的蜡状液体，称为耵聍（cerumen）（图 16-10）。

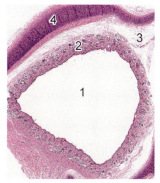

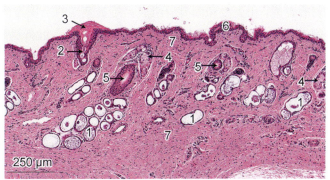

图 16-9　外耳道 HE 染色
（1.25×）

1：外耳道；2：皮肤；3：皮下组织；
4：弹性软骨

Fig 16-9　External auditory
meatus HE staining (1.25×)

1: external auditory meatus; 2: skin;
3: subcutaneous tissue; 4: elastic cartilage

图 16-10　外耳道皮肤 HE 染色（10×）

1：耵聍腺；2：导管；3：耵聍；4：皮脂腺；5：毛；6：表皮；7：真皮

Fig 16-10　Skin of the external auditory meatus HE staining
(10×)

1: ceruminous gland; 2: duct; 3: cerumen; 4: sebaceous gland; 5: hair;
6: epidermis; 7: dermis

3. 鼓膜

鼓膜（tympanic membrane）位于外耳道和中耳之间，为卵圆形的半透明薄膜，外层为复层扁平上皮，中间层为薄层结缔组织，内层为单层立方上皮。

（二）中耳

中耳（middle ear）包括鼓室、听小骨和咽鼓管。

1. 鼓室

鼓室（tympanic cavity）为颞骨内一个不规则的含气腔室，内面衬有黏膜，黏膜由上皮和固有层组成，固有层含有混合腺。

2. 听小骨

听小骨（auditory ossicles）是横贯鼓室的三块小骨，即锤骨、砧骨和镫骨，表面覆以单层扁平或矮立方上皮。

3. 咽鼓管

咽鼓管（pharyngotympanic tube）为连接鼓室与鼻咽部的管道。管壁内表面衬有黏膜，由上皮和固有层组成。近鼓室端的上皮为单层柱状上皮，有杯状细胞，固有层为薄层结缔组织，与深部骨外膜贴连。近鼻咽部的上皮为假复层纤毛柱状上皮，包含有纤毛细胞、无纤毛细胞、杯状细胞和基细胞。

（三）内耳

内耳（internal ear）又称迷路（labyrinth），是位于颞骨岩部内的弯曲骨性管道，由骨迷路（osseous labyrinth）和膜迷路（membranous labyrinth）组成。骨迷路为骨性管道。膜迷路是由薄层结缔组织构成的膜管，表面衬以单层扁平上皮，膜迷路位于骨迷路内。膜迷路内充满内淋巴（endolymph），骨迷路与膜迷路之间充满外淋巴（perilymph）。

骨迷路分前庭（vestibule）、骨半规管（osseous semicircular canal）和耳蜗（cochlea）3 部分。膜迷路也相应分为膜前庭（包括椭圆囊和球囊）、膜半规管与膜耳蜗 3 部分。

本章撰写人员：钟震宇、程志斌

第十七章

被 皮 系 统

麋鹿的被皮系统（integumentary system）包括皮肤及其衍生物（图 17-1）。皮肤（skin）被覆于体表，是动物机体最大的器官，具有保护、防止体液丢失、排泄、分泌、调节体温和感觉等多种功能。麋鹿皮肤演变成一些特殊的结构，比如毛、蹄、枕、角（茸）以及汗腺、皮脂腺、乳腺、气味腺等，统称为皮肤的衍生物或者附属器。

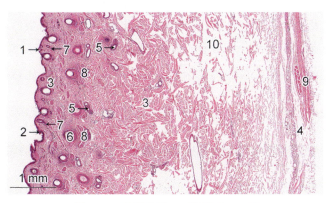

图 17-1　背部皮肤 HE 染色（2.5×）

1：角质层；2：棘层；3：真皮；4：皮下组织；5：汗腺；6：毛；7：皮脂腺；8：立毛肌；9：皮肌；10：人为裂缝

Fig 17-1　Skin of back HE staining (2.5×)

1: stratum corneum; 2: stratum spinosum; 3: dermis; 4: hypodermis; 5: sweat gland; 6: hair; 7: sebaceous gland; 8: arrector pilli muscle; 9: cutaneous muscle; 10: artificial fissure

皮肤由表皮和真皮组成，借皮下组织与深部组织相连（图 17-2）。麋鹿皮肤的厚薄随动物年龄、性别以及分布部位的不同而不同，如新生麋鹿的皮肤较成年鹿的皮肤薄，头部、背部、枕部的皮肤厚，腹部、四肢内侧的皮肤薄。

一、表皮

表皮（epidermis）位于皮肤浅层，为角化复层扁平上皮。表皮由角质形成细

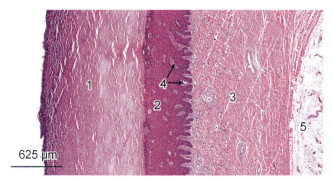

图 17-2　跟部皮肤 HE 染色（5×）
1：角质层；2：棘层；3：真皮；4：真皮乳头；5：皮下组织
Fig 17-2　Skin of heel HE staining (5×)
1: stratum corneum; 2: stratum spinosum; 3: dermis; 4: dermal papilla; 5: hypodermis

胞（keratinocyte）和非角质形成细胞（nonkeratinocyte）两类细胞组成。角质形成细胞为构成表皮的主要细胞成分，细胞在分化过程中产生角蛋白，角化并脱落；非角质形成细胞散在分布于角质形成细胞之间，数量较少，包括黑素细胞、朗格汉斯细胞和梅克尔细胞。

（一）表皮的分层和角化

表皮从基底层到表面可分为基底层、棘层、颗粒层、透明层和角质层 5 层。

1. 基底层

基底层（stratum basale）附着于基膜上，为一层低柱状或立方形细胞，称为基细胞（basal cell）。细胞核圆形或卵圆形，相对较大，靠近基部，染色较浅，细胞质较少，嗜碱性。基底层细胞是未分化的幼稚细胞，有活跃的分裂能力。

2. 棘层

棘层（stratum spinosum）位于基底层上方，细胞体积较大，呈多边形，细胞向四周伸出许多细短的棘状突起，故名棘细胞（heckle cell），细胞核大而圆，位于细胞中央，细胞质丰富，嗜碱性（图 17-3）。

3. 颗粒层

颗粒层（stratum granulosum）位于棘层上方，由 3 ～ 5 层梭形细胞组成，细胞核及细胞器退化，细胞质内含大量强嗜碱性的透明角质颗粒（keratohyalin granule）。

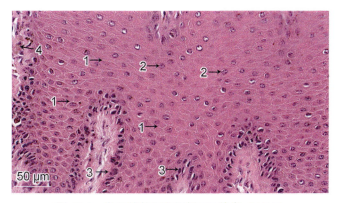

图 17-3　鼻唇镜的细胞间桥 HE 染色（40×）

1：细胞间桥；2：棘细胞；3：基细胞；4：黑素细胞

Fig 17-3　Intercellular bridge of nasolabial plate HE staining (40×)

1: intercellular bridge; 2: heckle cell; 3: basal cell; 4: melanocyte

4. 透明层

透明层（stratum lucidum）位于颗粒层的上方，在枕部等无毛且较厚的表皮中明显易见。透明层由几层扁平的梭形细胞组成，但细胞界限不清，HE 染色细胞呈嗜酸性均质状，透明折光性强。

5. 角质层

角质层（stratum corneum）为表皮的最浅层，由几层至几十层扁平角质细胞（horny cell）组成。角质细胞是死细胞，轮廓不清，细胞内无细胞核及细胞器。在光镜下 HE 染色标本中的角质细胞呈粉红色均质状，轮廓不清，表层细胞逐渐脱落形成皮屑。枕部皮角质层较厚，腹皮等薄皮肤角质层较薄，仅由数层角质细胞构成。

表皮是皮肤的重要保护层，角质层细胞干硬，细胞质内充满角蛋白，细胞膜增厚，有明显的保护作用。

（二）非角质形成细胞

1. 黑素细胞

黑素细胞（melanocyte）是生成黑色素的细胞，通常位于基底层细胞之间。在 HE 染色标本中，细胞质着色浅，呈现为明细胞，胞体较圆，细胞核较小，着色比周围的角质形成细胞深（图 17-4）。

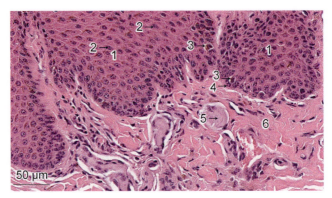

图 17-4　黑素细胞 HE 染色（40×）

1：棘层；2：棘细胞核；3：黑素细胞；4：基细胞；5：触觉小体；6：真皮

Fig 17-4　Melanocyte HE staining (40×)

1: stratum spinosum; 2: heckle nucleus; 3: melanocyte; 4: basal cell; 5: Meissner corpuscle; 6: dermis

2. 朗格汉斯细胞

朗格汉斯细胞（Langerhans cell）是树突状细胞，细胞有多个突起。其散在分布于棘层细胞之间。细胞呈树突状，在 HE 染色标本中不易辨认，细胞质呈空白状，浅亮清晰，细胞核较小且不规则，着色比周围的角质形成细胞深。

3. 梅克尔细胞

梅克尔细胞（Merkel's cell）呈圆形或卵圆形，具有短指状突起的细胞，数量很少，散在分布于毛囊附近的表皮基细胞之间，常附着于基膜上，细胞核小，不规则形或分叶状。

二、真皮

真皮（dermis）位于表皮深面，由不规则的致密结缔组织组成，真皮深部与皮下组织连接。真皮内有血管、淋巴管、神经，以及毛囊、汗腺、皮脂腺等附属器（图 17-5）。真皮可分为乳头层和网状层。

1. 乳头层

乳头层（papillary layer）为表皮下方的一薄层结缔组织，胶原纤维和弹性纤维较细密，排列疏松，细胞较多。乳头层向表皮底部突出形成许多峭状或乳头状突起，形成真皮乳头（dermal papilla）（图 17-6）。在薄表皮皮肤中真皮乳头较少

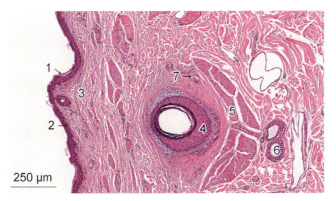

图 17-5　背的皮肤 HE 染色（10×）

1：角质层；2：棘层；3：真皮；4：毛囊；5：立毛肌；6：汗腺；7：皮脂腺

Fig 17-5　Skin of back HE staining（10×）

1: stratum corneum; 2: stratum spinosum; 3: dermis; 4: hair follicle; 5: arrector pili muscle; 6: sweat gland;
7: sebaceous gland

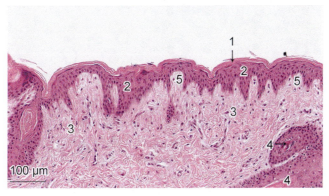

图 17-6　皮肤 HE 染色（20×）

1：角质层；2：棘层；3：真皮；4：毛；5：真皮乳头

Fig 17-6　Skin HE staining（20×）

1: stratum corneum; 2: stratum spinosum; 3: dermis; 4: hair; 5: dermal papilla

且较细，而在厚表皮皮肤中则大而多。乳头内含有丰富的毛细血管及游离神经末梢与触觉小体。

2. 网状层

网状层（reticular layer）位于乳头层深部，是真皮的主要组成部分，与乳头层无明显的界限。网状层由致密结缔组织构成，内有许多粗大的胶原纤维束互相交织成网，并有许多弹性纤维夹杂其中。网状层内有汗腺及较大的血管、淋巴管和神经，以及环层小体、汗腺、毛囊和皮脂腺。

三、皮下组织

皮下组织（hypodermis）位于真皮下方，与真皮之间无明显界限，由疏松结缔组织和脂肪组织组成。麋鹿皮下组织中的脂肪含量少。分布到皮肤的血管和神经在此层通过，毛囊和汗腺也常伸入此层。皮下组织与深部的筋膜、腱膜或骨膜连接。

四、皮肤的附属器

皮肤附属器有毛（图 17-7）、皮脂腺（图 17-7）、汗腺、乳腺、鼻唇镜（图 17-8）、

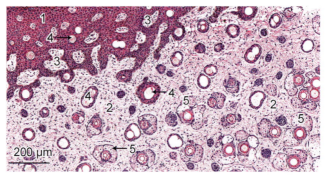

图 17-7　皮肤（横切面）HE 染色（10×）
1：棘层；2：真皮；3：真皮乳头；4：毛；5：皮脂腺
Fig 17-7　Skin (transverse section) HE staining (10×)
1: stratum spinosum; 2: dermis; 3: dermal papilla; 4: hair; 5: sebaceous gland

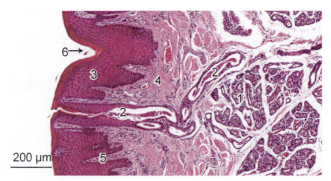

图 17-8　鼻唇镜 HE 染色（10×）
1：鼻唇腺；2：导管；3：表皮；4：真皮；5：真皮乳头；6：鼻唇沟
Fig 17-8　Nasolabial plate HE staining (10×)
1: nasolabial gland; 2: duct; 3: epidermis; 4: dermis; 5: dermal papilla; 6: nasolabial sulcus

枕（图 17-9）及蹄甲等特殊结构，它们都是皮肤的衍生物。窦毛（sinus hair）是一种高度分化的具有感觉功能的特殊毛类，它的毛囊非常大（图 17-10）。

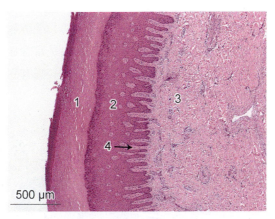

图 17-9　枕 HE 染色（5×）

1：角质层；2：棘层；3：真皮；4：真皮乳头

Fig 17-9　Foot pad HE staining（5×）

1: stratum corneum; 2: stratum spinosum; 3: dermis; 4: dermal papilla

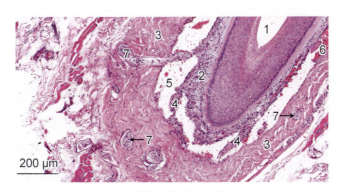

图 17-10　窦性毛囊 HE 染色（10×）

1：毛；2：内层结缔组织鞘；3：外层结缔组织鞘；4：小梁；5：环状窦；6：红细胞；7：神经纤维

Fig 17-10　Sinus hair follicle HE staining（10×）

1: hair; 2: inner layer of the connective tissue sheath; 3: outer layer of the connective tissue sheath; 4: trabecular;
5: circular sinus; 6: erythrocyte; 7: nerve fiber

（一）毛

麋鹿体表大部分皮肤均有毛，但全身各部位毛的粗细、长短和密度不一，冬季和夏季也不同。毛（hair）是一种角化的丝状物。

毛可分为毛干、毛根和毛球三部分（图 17-11），伸出皮肤外的部分称为毛干（hair shaft），埋在皮内的部分称为毛根（hair root），包在毛根外的由上皮和结缔组织构成的鞘称为毛囊（hair follicle），毛囊由多层上皮细胞和结缔组织组成。毛囊下段与毛根合为一体成为膨大的毛球（hair bulb）。毛球底面向内凹陷，真皮结缔组织突入其中形成毛乳头（hair papilla），毛乳头是富含血管和神经的结缔组织。毛和毛囊斜长在皮肤内，在与皮肤表面呈钝角的一侧有立毛肌（arrector pilli muscle），它为一束平滑肌，斜行连接毛囊和真皮。

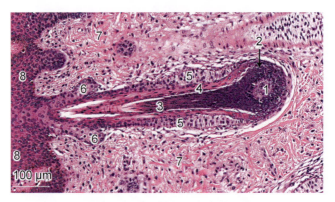

图 17-11　毛（纵切面）HE 染色（20×）
1：毛乳头；2：毛球；3：毛根；4：内根鞘；5：外根鞘；6：皮脂腺；7：真皮；8：棘层
Fig 17-11　Hair (longitudinal section) HE staining (20×)
1: hair papilla; 2: hair bulb; 3: hair root; 4: inner root sheath; 5: outer root sheath; 6: sebaceous gland; 7: dermis;
8: stratum spinosum

毛干由角化的上皮细胞有规则地排列而成，细胞质内充满角蛋白和黑色素。毛由中央的髓质、外周的皮质和毛小皮构成，所有毛均有皮质层和毛小皮，有些细毛和幼鹿胎毛无髓质。中央髓质由数行排列松散的扁平或立方形角化上皮细胞构成。外周皮质由数行排列紧密的多边形或梭形角化细胞构成，细胞内含有色素颗粒。最外层的毛小皮由一层扁平的角化细胞构成，呈覆瓦状排列。

毛囊分内外两层，内层又称为毛根鞘，为上皮根鞘，紧包毛根，其结构与表皮相似；外层为结缔组织鞘，由致密结缔组织构成（图 17-12）。毛囊的结缔组织鞘的内外层之间，有一充满血液的环状窦。结缔组织外鞘具有丰富的神经纤维，并沿小梁结缔组织进入内鞘中。窦毛可以感受触觉和随意控制，常见的窦毛分布于面部，如麋鹿上下唇的胡须。

毛根被毛囊包裹，与上皮根鞘、毛球的细胞相连，毛球的上皮细胞为幼稚细胞，称为毛母质（hair matrix），这些细胞分裂活跃，不断增殖和分化为毛根与

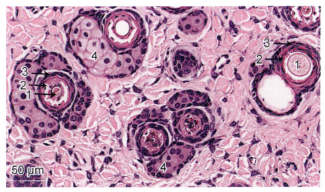

图 17-12　毛（横切面）HE 染色（40×）
1：毛根；2：内根鞘；3：外根鞘；4：皮脂腺
Fig 17-12　Hair (transverse section) HE staining (40×)
1: hair root; 2: inner root sheath; 3: outer root sheath; 4: sebaceous gland

上皮根鞘的细胞。黑素细胞分布在毛母质细胞间,其生成毛的色素,影响新毛颜色。

　　毛的生长具有周期性,在一定的时间脱落并长出新毛。生长期的毛球和毛乳头较大,毛囊较长,毛母质细胞分裂活跃,退化期毛囊逐渐变短,毛球缩小,毛乳头萎缩,毛母质细胞停止分裂,毛易脱落。麋鹿换毛有季节性,每年春季和秋季开始脱旧毛换新毛。

（二）皮脂腺

　　皮脂腺（sebaceous gland）多位于立毛肌与毛囊之间,为分支泡状腺,由分泌部腺泡和导管组成。导管为复层扁平上皮,导管多开口于毛囊上段。腺泡膨大呈泡状,腺泡周边是一层较扁小的幼稚细胞,有活跃的分裂能力,持续生成新的腺细胞。新生的腺细胞不断向腺泡中央移动,细胞质中的脂滴越来越多,细胞逐渐变大呈多边形,染色很淡,细胞核固缩,着色深。最后腺细胞解体,连同脂滴一起排出,即为皮脂（sebum）。麋鹿的眶下部

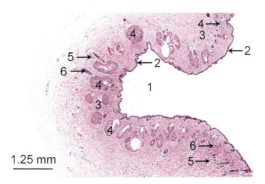

图 17-13　眶下窝皮肤 HE 染色（1.5×）
1：眶下窝；2：表皮；3：真皮；4：皮脂腺；5：汗腺；6 毛根
Fig 17-13　Skin of suborbital cavity HE staining (1.5×)
1: suborbital cavity; 2: epidermis; 3: dermis;
4: sebaceous gland; 5: sweat gland; 6: hair root

的皮脂腺发达，形成特定的气味腺（图 17-13，图 17-14）。

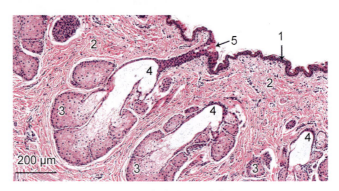

图 17-14 眶下窝皮肤 HE 染色（10×）
1：表皮；2：真皮；3：皮脂腺；4：导管；5：腺体开口
Fig 17-14 Skin of suborbital cavity HE staining (10×)
1: epidermis; 2: dermis; 3: sebaceous gland; 4: duct; 5: gland opening

（三）汗腺

汗腺（sweat gland）为单管状腺，包括分泌部和导管。分泌部较粗，盘曲成团，位于真皮深层（图 17-15）。麋鹿分泌部近似囊状，由单层低柱状或立方形细胞组成。在腺细胞与基膜之间有一层梭形肌上皮细胞。导管细长且直，由真皮深部上行，开口于毛囊或直接开口于皮肤表面的汗孔。管壁由双层染色较深的立方

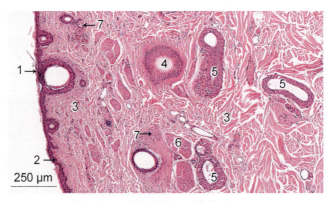

图 17-15 背部皮肤 HE 染色（10×）
1：角质层；2：棘层；3：真皮；4：毛；5：汗腺；6：立毛肌；7：皮脂腺
Fig 17-15 Skin of back HE staining (10×)
1: stratum corneum; 2: stratum spinosum; 3: dermis; 4: hair; 5: sweat gland; 6: arrector pili muscle; 7: sebaceous gland

形细胞围成，细胞核圆形或椭圆形。麋鹿两主蹄间的蹼膜的皮肤汗腺特化为气味腺（图 17-16）。

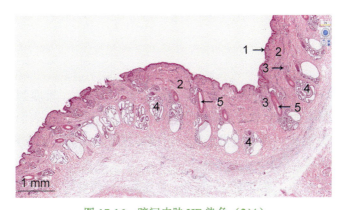

图 17-16　蹄间皮肤 HE 染色（2×）

1：表皮；2：真皮；3：皮脂腺；4：汗腺；5：毛

Fig 17-16　Interphalangeal skin HE staining（2×）

1: epidermis; 2: dermis; 3: sebaceous gland; 4: sweat gland; 5: hair

本章撰写人员：钟震宇、程志斌

第十八章

麋 鹿 茸

鹿茸（deer velvet）是雄鹿的未骨化密生茸毛的幼角。雄鹿到了一周岁时头上就会长角，初生的鹿角软而有弹性，内含丰富软骨和血液，表面上有一层纤细茸毛的嫩角称为鹿茸。鹿茸慢慢长大，由根部逐渐向端部骨化成为坚硬的鹿角，茸皮也就随之脱落。

麋鹿仅雄性长角，麋鹿角为骨质角，角脱落后，角盘周围皮肤肿胀开始生长，包裹整个角盘后逐渐长成分枝状茸，茸的生长速度非常快，高峰期每天生长超过2cm。麋鹿茸外裹白色细长毛，皮肤黑褐色，内部为丰富的软骨组织和血液。麋鹿茸的真皮内含有发达的皮脂腺，分泌的皮脂有保护麋鹿茸的作用。

麋鹿茸分为茸皮组织和茸骨组织（图18-1，图18-2），两部分无明显界限。茸皮由表皮和真皮及表皮附属物组成（图18-3）。

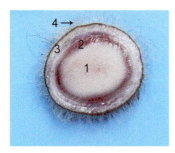

图 18-1　麋鹿茸（横切面）

1：软骨区；2：间充质；3：茸皮；4：毛

Fig 18-1　Velvet of milu
(transverse section)

1: cartilage zone; 2: mesenchyme;
3: the skin of deer velvet; 4: hair

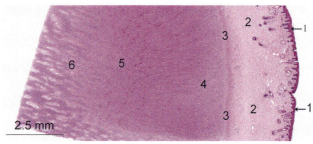

图 18-2　麋鹿茸 HE 染色（1.25×）

1 表皮；2：真皮；3：间充质；4：前成软骨；5：过渡区；
6：软骨

Fig 18-2　Velvet of milu HE staining (1.25×)

1: epidermis; 2: dermis; 3: mesenchyme; 4: precartilage;
5: transition zone; 6: cartilage

表皮组织可分为角质层、颗粒层、棘层和基底层。角质层为表皮的最外层，由 2～4 层扁平细胞组成，半透明，角质化。颗粒细胞呈椭圆形或近圆形，细胞较大，细胞质呈颗粒状。棘层细胞排列整齐，浅层细胞较大，细胞呈圆形、椭圆形和长梭形，细胞表面有棘状突起。基细胞为表皮最深层，与真皮相连接，细胞

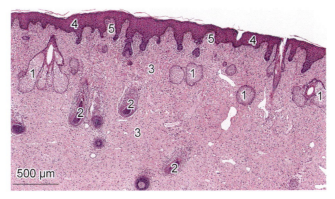

图 18-3　茸皮 HE 染色（5×）

1：皮脂腺；2：毛；3：真皮；4：表皮；5：真皮乳头

Fig 18-3　Skin of velvet HE staining (5×)

1: sebaceous gland; 2: hair; 3: dermis; 4: epidermis; 5: dermal papilla

呈短柱状。

　　真皮组织位于表皮深部，较厚，可分为乳头层和网状层。乳头层直接与基底层相连，伸向表皮的乳头状结缔组织呈指状。网状层胶原纤维较粗，交织成网状。

　　茸毛为表皮的附属物，茸毛长度可达 3 ～ 5cm。

　　茸骨组织位于真皮的深处，可分为间充质层（图 18-4）、前成软骨层（图 18-5）、过渡层（图 18-6）和软骨层（图 18-7），各层组织之间细胞的形态和结构差异明显，但没有明显界限。从间充质层向下依次出现前成软骨细胞、成软骨细胞及软骨细胞。间充质层细胞形态均一，细胞体积较小，呈梭形，细胞核呈

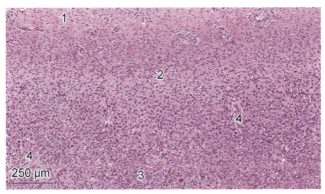

图 18-4　间充质层 HE 染色（10×）

1：真皮；2：间充质；3：前成软骨；4：内皮管

Fig 18-4　Mesenchymal layer HE staining (10×)

1: dermis; 2: mesenchyme; 3: precartilage; 4: endothelial tube

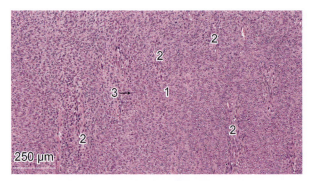

图 18-5　前成软骨层 HE 染色（10×）
1：前成软骨；2：内皮管；3：成软骨细胞
Fig 18-5　Precartilage HE staining (10×)
1: precartilage; 2: endothelial tube; 3: chondroblast

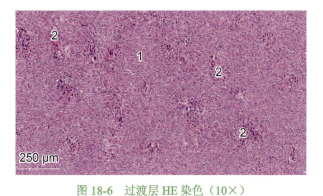

图 18-6　过渡层 HE 染色（10×）
1：过渡区；2：血管沟
Fig 18-6　Transition zone HE staining (10×)
1: transition zone; 2: vascular channel

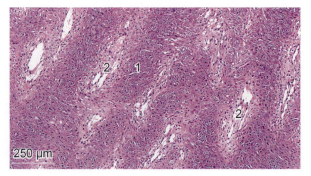

图 18-7　软骨层 HE 染色（10×）
1：软骨组织；2：血管沟
Fig 18-7　Cartilaginous layer HE staining (10×)
1: cartilage tissue; 2: vascular channel

椭圆形，核仁明显，呈典型的幼稚型细胞形态；细胞间质成分单一，可见少量胶原纤维。前成软骨层细胞形态多样，出现前成软骨细胞。前成软骨细胞体积较间充质层细胞大，呈长椭圆形，细胞核呈圆形或椭圆形，着色较浅，有 1 ～ 2 个核仁。过渡层细胞成分多样，其中包括前成软骨细胞和成软骨细胞。成软骨细胞由前成软骨细胞分化而来，细胞接近圆形，体积较前成软骨细胞大。软骨层内含有大量软骨细胞，软骨细胞的形态极不规则，核膜也不规则，核仁不明显。

本章撰写人员：钟震宇

参 考 文 献

白加德. 2019. 麋鹿生物学[M]. 北京: 北京科学技术出版社.

陈森. 2012. 麋鹿主要组织、器官的组织学观察与STC-1在肾脏中的定位[D]. 武汉: 华中农业大学硕士学位论文.

丁利, 方振华, 梁宏德, 等. 2008. 一例疑似黏膜病死亡麋鹿消化及主要免疫器官病理组织学观察[J]. 动物学杂志, 43(2): 130-134.

丁利, 梁宏德, 方振华, 等. 2007. 麋鹿肝脏组织学观察[J]. 动物医学进展, 28(2): 41-43.

杜炎炎, 陈森, 郭定宗, 等. 2018. 麋鹿肠道的组织学观察[J]. 畜禽业, 29(3): 11-13.

段艳芳, 陈付英, 李玉峰, 等. 2012. 麋鹿雌性生殖系统的组织学观察[J]. 河南农业科学, 41(8): 180-184.

郭彩玉, 徐力, 牛志多, 等. 1996. 鹿茸的组织学研究[J]. 特产研究, (3): 18-20.

郭青云, 白加德, 单云芳, 等. 2019. 麋鹿小肠的组织学观察[J]. 中国兽医杂志, 55(7): 38-40, 中插6.

郭青云, 单云芳, 钟震宇, 等. 2022. 初生麋鹿小肠的组织学研究[J]. 特种经济动植物, 25(2): 1-4.

韩利方, 梁宏德, 王平利, 等. 2005. 麋鹿肾上腺的组织学观察[J]. 动物医学进展, 26(4): 98-100.

韩利方, 梁宏德, 王平利, 等. 2005. 麋鹿子宫内膜炎的病理组织学观察[C]. 中国畜牧兽医学会兽医病理学分会第十三次学术讨论会暨中国病理生理学会动物病理生理产业委员会第十二次学术讨论会: 70.

黄修奇, 方振华, 梁宏德. 2011. 麋鹿下唇的组织学观察[J]. 中国农学通报, 27(20): 67-70.

李春义, 赵世臻, 宋健华, 等. 1989. 梅花鹿茸组织结构研究[J]. 特产研究, (2): 1-4.

刘田, 白加德, 钟震宇, 等. 2016. 不同年龄麋鹿肾上腺的发育变化[C]. 中国畜牧兽医学会动物解剖及组织胚胎学分会第十九次学术研讨会论文集: 11.

杨倩. 2018. 动物组织学与胚胎学[M]. 2版. 北京: 中国农业大学出版社.

张成林, 刘燕, 闫鹤, 等. 2012. 麋鹿发生C型魏氏梭菌病[J]. 野生动物, 33(5): 260-263.

钟震宇, 白加德. 2019. 麋鹿解剖学[M]. 北京: 科学出版社.

钟震宇, 郭青云, 白加德, 等. 2018. 初生麋鹿心脏的解剖及组织学观察[J]. 中国兽医杂志, 54(9): 40-42, 中插3.

邹苗. 2014. 麋鹿胃的组织学观察[J]. 中国畜牧兽医文摘, 30(9): 141.

邹苗, 陈森, 温华军, 等. 2013. 麋鹿胃的组织学观察[J]. 动物医学进展, 34(3): 126-129.